婴幼儿喂养小百科

主　编

陈长青　李　冰　孔令茹

编著者

金　霖　刘　冀　陈广栋　李　英

马育霞　刘卫卫　赵红英　王海滨

王鹏升　刘　芳　王文浩　祁景蕊

彭　雪　张慧芳　孔令俊　杨海玺

金盾出版社

本书分七部分介绍婴幼儿喂养知识，包括婴幼儿健康发育，母乳喂养、人工喂养与混合喂养，断奶，辅食的添加，宝宝的日常护理及婴幼儿常见问题解答等。其内容丰富，通俗易懂，科学实用，是年轻父母科学喂养宝宝的好帮手，也是保育人员的必备读物。

图书在版编目(CIP)数据

婴幼儿喂养小百科/陈长青，李冰，孔令茹主编．—北京：金盾出版社，2016.11

ISBN 978-7-5186-0907-9

Ⅰ.①婴… Ⅱ.①陈…②李…③孔… Ⅲ.①婴幼儿—哺育—基本知识 Ⅳ.①TS976.31

中国版本图书馆 CIP 数据核字(2016)第 070815 号

金盾出版社出版、总发行

北京太平路 5 号(地铁万寿路站往南)

邮政编码：100036 电话：68214039 83219215

传真：68276683 网址：www.jdcbs.cn

北京天宇星印刷厂印刷、装订

各地新华书店经销

开本：850×1168 1/32 印张：5.5 字数：105 千字

2016 年 11 月第 1 版第 1 次印刷

印数：1～4 000 册 定价：17.00 元

前 言

在经历了10个月艰辛的孕育之后，在满怀幸福的期待之中，年轻的父母迎来了人世间最美好的礼物——宝宝。当宝宝第一声啼哭响起时，相信这是每一对夫妇听到的最动听的音乐。有了孩子固然欣喜，但是如何能让宝宝健康快乐地成长，是父母义不容辞的责任和义务，更要父母的精心呵护与科学喂养。

最新优生学、营养学的研究成果表明，0～3岁是婴幼儿一生中生长发育最快的时期。这个阶段也是发展智力、情商及培养饮食习惯的关键期，而饮食营养是宝宝生长发育的物质基础，只有营养充足、饮食合理、护理得当、培养有方，才能让宝宝健康发育。所以，科学喂养是使宝宝未来拥有健康体魄的必需保障。

年轻的妈妈最关心的是：母乳喂养、混合喂养、人工喂养的正确做法及注意事项有哪些，何时开始添加辅食，如何为宝宝制作辅食等。这一系列问题或许已经把初为人父母们搞得焦头烂额。为了解决年轻爸爸妈妈们的燃眉之急，我们精心编写了《婴幼儿喂养小百科》一书。本书从母乳喂养、人工喂养、混合喂养、断奶、辅食的添加和制作、婴幼儿常见问题解答等方面详细地加以介绍，以便于在读者束手无策时能从书中找到解决问题的答案。

本书语言通俗易懂，是大众化的科普读物，适合每一位年轻父母阅读。作者本着科学、严谨的态度为本书的编著做了大量的案头工作，同时也咨询了多位知名儿科和营养学专家并得到指导。但由于编者水平有限，书中可能还存在一些不足之处，希望广大读者及专家斧正，再版时加以修改。祝愿每一位爸爸妈妈都能轻松育儿，每一位宝宝都能营养全面、健康成长！

作 者

目录

一、健康发育

1. 婴幼儿的健康标准是什么

新生儿降生后先啼哭数声,然后开始用肺呼吸。头两周每分钟呼吸 40～50 次。

新生儿的脉搏以每分钟 120～140 次为正常。

新生儿的正常体重一般为 3 000～4 000 克,低于 2 500 克属于未成熟儿。

新生儿头两天粪便呈墨绿色黏液状,无气味。喂奶后粪便逐渐转为黄色。

新生儿出生后 24 小时内开始排尿,如超过 24 小时或第一周内每日排尿达 30 次以上,则为异常。

新生儿体温在 37℃～37.5℃为正常,如不注意保暖,体温会降低到 36℃以下。

多数新生儿出生后第 23 天皮肤轻微发黄,若在出生后黄疸不退或加深为病态。

新生儿出生后有觅食、吮吸、伸舌、吞咽及拥抱等生理反射。

给新生儿照射光可引起眼的反射。自第二个月开始,新生儿的两眼视线会追随活动的物体。

出生后3～7天，新生儿的听觉逐渐增强，听见响声可引起眨眼等动作。

2. 婴幼儿各个阶段有哪些发育指标和生理变化

(1)新生儿：刚出生的宝宝皮肤红红的、凉凉的，头发湿湿地贴着头皮，小手握得很紧，哭声响亮，头部相对较大。宝宝吃完奶常常会出现吐奶的情况。宝宝的脐带在4～7天脱落。

出生1周后的宝宝，伏卧抬头45度，能注意父母的面部。宝宝各种条件反射都已建立，当分开他紧握的小手，轻触他的掌心时，他就会紧紧地握住你的手指不松手。此时，宝宝已经能与你对视，但持续的时间还不长。

(2)2个月：2个月的宝宝日常生活开始规律化，也形成了固定的吃奶时间。妈妈要定时给宝宝按摩，经常抱宝宝到户外活动。在亲子互动方面，家长逗引时宝宝会微笑，眼睛能跟着物体在水平方向移动，能转头寻找声源，俯卧时能抬头片刻、自由地旋转头部，能自己展开和合拢手指，并在胸前玩手指，开始吮吸拇指。

(3)3个月：宝宝已基本适应周围的环境，身体的各种功能在快速发育，会控制手脚去拍打在他周围或前面运动的物件，对颜色也有了辨识的能力，特别是黄色和红色，并且能短暂地集中注意力，开始会寻找从视野中突然消失的物品。

(4)4个月：这个时期的宝宝头围和胸围大致相等，比出生时长高10厘米以上，体重为出生时的2倍左右。俯卧时宝宝上身完全抬起，与床垂直；腿能抬高踢去衣被及踢吊起的玩具；视线灵活，能从一个物体转移到另外一个物体；开始咿呀咿呀地发音，用声音回答大人的逗引；已喜欢吃辅食。

(5)5 个月：在饮食方面开始为 5 个月的宝宝断奶做准备；在亲子互动方面，能认识妈妈及亲近的人，并与他们应答。大部分孩子能够从仰卧翻身变成侧卧或俯卧，可靠着坐垫直腰坐一会儿，由大人扶着能站住；能拿东西往嘴里放，还会发出一两个辅音。

(6)6 个月：宝宝的体格进一步发育，神经系统日趋成熟。宝宝一般已开始长乳牙了，可以添加肉泥、猪肝泥等辅食。在早期教育问题上应多与宝宝进行交流，家长对其的咿咿呀呀声要做出回应。

(7)7 个月：宝宝头部的发育速度减慢，腿部和躯干生长速度加快，动作姿势也发生很大变化。随着肌肉张力的改善，宝宝的姿势变得更加直立，将形成更强壮的外表。

(8)8 个月：婴儿在 8 个月后逐渐向儿童期过渡，此时的营养非常重要，如果跟不上就会影响成年身高。此外，在运动方面，8 个月的宝宝一般都能爬行了，爬行的过程中能自如地变换方向。8 个月大的宝宝有怯生感，怕与父母尤其是母亲分开。这是孩子正常心理的表现，说明孩子对亲人、熟人、生人能准确、敏锐地分辨清楚。

(9)9 个月：宝宝仍然是头部的生长速度减慢、腿部和躯干生长速度加快、行动姿势也发生很大的变化。但此时，宝宝产生自我意识，什么事情都想自己来做。

(10)10 个月：不要强迫宝宝吃不喜欢的食物，逐渐将辅

食变为主食。此时，宝宝的身体动作变得越来越敏捷，能很快地将身体转向有声音的地方，并可以爬着前进；坐时不失去平衡，能左右摇摆和转身，扶家具站立已较稳；穿衣时能配合伸手，穿鞋袜时知道伸脚。

(11)11 个月：此阶段宝宝的辅食开始变成主食，应该保证宝宝摄入足够的动物性蛋白，辅食要少放盐、糖。此外，要开始锻炼宝宝克服怕生现象，要训练他的独立性。

(12)12 个月：12 个月的宝宝刚刚断奶或没有完全断奶，度过婴儿期，进入了幼儿期。幼儿无论在体格和神经发育上，还是在心理和智能发育上，都出现了新的变化。宝宝正处于迅速成长的阶段，牙齿也逐渐出齐，但胃肠消化能力还相对较弱。饮食方面要特别注意，必须确保宝宝能摄取充足均衡的营养，以帮助他奠定一个良好的健康基础。

(13)2 周岁：2 岁宝宝的头部发育速度减慢，腿部和躯干生长速度进一步加快，此期幼儿能独立行走，活动范围增大，运动量增加，骨骼也在迅速成长，正处于生长发育最旺盛的阶段。这个时期不要过分迁就宝宝，也不要敷衍，要教育宝宝正确、礼貌地与他人交往。

(14)3 周岁：3 岁幼儿的脑重已接近成年人的脑重，以后发育速度就更慢了。这时身体已经非常结实，对疾病的抵抗能力也有很大程度的提高。3 岁大的宝宝已经能单独睡觉了，并且养成了按时睡觉和睡前上厕所、刷牙等习惯。虽然许多事情仍然还是做得不太好，但已经基本能够自理了。

二、母乳喂养

1. 母乳喂养的益处是什么

母乳是妈妈专为宝宝生产的天然食品和饮料，是新生儿最理想的营养品，进行母乳喂养有以下益处。

(1)母乳营养丰富：母乳中钙磷比例(2∶1)适宜，有利于新生儿对钙的吸收。母乳中含有较多的脂肪酸、乳糖、矿物质和微量元素等，磷脂中所含的卵磷脂和鞘磷脂较多，在初乳中微量元素锌的含量较高，这些都有利于促进新生儿生长发育，并为预防维生素D缺乏病打下了物质基础。

(2)母乳有助于营养吸收：母乳中的脂肪球小且含有多种消化酶，新生儿在吮吸过程中，舌咽分泌的一种舌酯酶，有利于对脂肪的消化。另外，母乳的缓冲力小，对胃酸中和作用弱，有助于营养物质的消化、吸收。

(3)母乳中含有免疫物质：在母乳中含有各种免疫球蛋白，如IgA、IgG、IgM、IgE等。这些物质会增强小儿的抗病能力。特别是初乳，其中含有多种抗病的抗体和免疫细胞，这是牛奶所缺少的。

(4)母乳是婴儿的天然生理食品：从蛋白分子结构看，母乳喂养婴儿不易引起变态反应。但是,牛奶中含有人体所不适应的异性蛋白,这种物质可以通过肠道黏膜被人体吸收引起过敏。因此,有的婴儿哺喂牛奶以后会发生变态反应,引起肠道少量出血、婴儿湿疹等现象。

(5)母乳喂养方便卫生:母乳中几乎没有细菌,直接哺喂不易污染,温度适宜,吮吸速度及食量可随小儿需要增减,既方便又经济。

(6)母乳哺喂可增进感情:妈妈哺喂婴儿时对婴儿的照顾、抚摸、拥抱、逗引,以及妈妈胸部、乳房、手臂等与婴儿身体的接触,都是对婴儿的良好刺激,使其心情愉快,有利于婴儿身心健康,对婴儿的成长大有好处。

(7)母乳哺喂有助泌乳量:婴儿的吮吸同时也会使妈妈泌乳量大增。

(8)促进子宫收缩:哺喂母乳不但可以减少母亲患卵巢癌、乳腺癌的危险性,还可以促进子宫的收缩,帮助子宫复旧,减少阴道出血,预防贫血。

2. 母乳对婴儿有哪些生理作用

母乳喂养最大的受益者是宝宝。因为母乳喂养对婴儿的生长发育有十分重要的生理作用。

(1)初乳有导泻功能:宝宝吃头3天的初乳能排泄胎粪。胎粪是胎儿吞食大量羊水后积在肠道中的物质,内含红细胞分解的胆红素。母乳喂养的新生儿基本上3天能排尽胎粪,因为初乳有导泻的功能。如果不将肠道积存的胆红素排清,

肠道就会吸收这些胆红素入血，使血胆红素值上升。正常新生儿血胆红素在0.1～1毫克，达到2毫克时会出现黄疸，最高可达12毫克，早产儿可达15毫克。如果胆红素继续吸收增高，从血循环进入脑细胞内，会造成脑的损害，尤以大脑基底部的神经核受到伤害最重，成为“黄疸”。而黄疸还会引起新生儿吮吸无力、呕吐、嗜睡，如抢救不及时会导致抽风、呼吸衰竭而死亡，或者留下后遗症而影响智力。

(2)初乳含有大量免疫细胞抗体：其中的IgA最重要，它能保护新生儿的呼吸道和消化道上皮细胞的完整性，使新生儿不易患呼吸道疾病和腹泻。初乳中含锌，头5天母乳中的锌可供宝宝1年之用。

(3)母乳蛋白适宜婴儿生理需要：母乳的清蛋白进入胃后结成细小凝粒，表面积大，易于接触蛋白酶及肠胰蛋白酶，便于消化吸收。牛奶的蛋白比例大、凝块大，不易被酶渗入消化，也难以吸收。

(4)母乳中含有亚油酸，可使宝宝避免因缺乏不饱和脂肪酸而长湿疹；亚油酸可以合成髓磷脂，以供脑发育之用。牛奶中含棕榈酸多，易与钙结合成不溶解的皂样物从大、小便排出，俗称奶瓣，婴儿缺钙易引起佝偻病。

(5)不易贫血：母乳中虽然铁含量低，但吸收率达50%。牛奶含铁也很低，吸收率仅为10%，所以人工喂养的婴儿易患贫血，6个月至2岁内的婴幼儿患病率达76%，应引起重视。

(6)促生脑细胞增多：母乳中含牛磺酸，能促进脑细胞成熟分裂，使脑细胞数目增多。牛磺酸是神经纤维连接点突触的内容物，缺乏牛磺酸神经连接处突触数目就会减少。所以母乳喂养可促进婴儿智力发育。

(7)不会增加肾脏负荷：人工喂养会增加新生儿的肾脏负荷，因为牛奶中水少蛋白质多，钠、钾等电解质含量过高。新生儿肾功能较弱，不能排除过多的含氮代谢物和过多的电解质，会导致水肿和肾衰竭。母乳水分充足、止渴，多吃也不会引起肾脏超负荷。

3. 早接触、早吮吸、早开奶有何好处

早接触、早吮吸、早开奶，俗称“三早”。这是保障母乳喂养取得成功的重要步骤，也是近年来的新学说。

早接触就是指新生儿出生后半小时之内要与母亲进行皮肤接触，接触时间不少于30分钟。胎儿娩出后不适应环境温度的变化，与母亲直接接触可保持皮肤温度的稳定，还可以感受到母亲的心跳，增加安全感；更重要的是，这种接触可刺激乳汁的产生，增进母子间的感情。母亲怀抱小宝宝，心情很愉快，也很放心。

早接触是个新事物，产妇要有心理准备，不要认为婴儿刚出生不干净而不愿意接受。产前应洗澡、保持卫生；待产过程中，护士要协助做好乳房护理，将乳头擦洗干净。在早接触过程中要注意给新生儿保暖，可盖一小毯子，有条件的地方可用红外辐射保温台；还要特别注意协助产妇抱好新生儿。

早吮吸，产后10～15分钟新生儿就会自发地吮吸乳头。

原来乳头是新生儿的视觉标志，新生儿凭本能可以找到乳头并开始吮吸，有的新生儿吸得很有劲，可听到“吧嗒吧嗒”的声音。有人会问，又没有乳汁，吸什么呀？这时乳汁量虽然很少，但蛋白质含量，特别是免疫球蛋白的含量高，可减少新生儿患病，增强抵抗力。初乳对新生儿的益处是成熟乳汁所不能替代的。早吮吸的目的不仅在于让新生儿得到些初乳，吮吸还可以刺激产妇泌乳，刺激子宫收缩，减少子宫出血。

早开奶，是指出生后半小时再次让新生儿吮吸妈妈的奶。

“三早”的关键要突出“早”字。对母婴的益处要抓住“早”才能体现出来。正可谓“机不可失，时不再来”。要做到“三早”，需要向产妇及其家属进行宣教与指导，在医护人员和产妇的共同努力下做好“三早”。

4. 初乳有何特点，对新生儿有何好处

初乳含有大量的胡萝卜素，由于胡萝卜素在体内经过一系列化学反应后转化成维生素 A，因此初乳呈黄白色，稀薄似水状，看上去不像奶。初乳的量虽然不多，但与之后的成熟乳相比，其中所含的蛋白质和矿物质十分丰富，还含有较少的糖、脂肪、维生素等营养成分，非常适合新生儿的消化要求。初乳是新生儿最理想的营养食品，因此应让新生儿吮吸初乳，不宜把初乳弃掉。初乳有如下优势营养成分。

(1)乳铁蛋白含量极高：初乳中乳铁蛋白的含量很高，它可结合婴儿体内的铁，从而就夺取了细菌代谢所需要的铁；控制机体内铁的水平，还能将铁输送到合成各种含铁蛋白质

(如血红蛋白、肌红蛋白等)的部位,进而达到抑制细菌生长、抵抗许多细菌性疾病的目的,起到抗感染、中和毒素的作用,增强婴儿的抗病能力。乳铁蛋白是一种具备多种生理功能的蛋白质,对于婴幼儿是不可或缺的营养成分。乳铁蛋白也与母体自身的营养状况息息相关,营养状况好的女性母乳中乳铁蛋白的含量较高。

(2)富含溶菌酶:溶菌酶是婴儿成长必不可少的物质,它在抗菌、防止病毒感染,以及维持肠道内菌群正常化、促进双歧杆菌增殖等方面都发挥着重要的作用。母乳中初乳溶菌酶的含量最高,过渡乳和成熟乳依次降低。

(3)含有大量的微量元素:初乳中含有丰富的锌等微量元素,对促进婴儿的生长发育,特别是神经系统的发育十分有益。

(4)含有珍贵的免疫成分:初乳与普通乳汁的主要区别在于其富含免疫因子、生长因子及婴儿生长发育所必需的多种营养物质。这些物质可吸附在病原微生物或毒素上,从而起到保护新生儿娇嫩的消化道、呼吸道及肠道黏膜的作用,避免新生儿患呼吸道及肠道疾病。新生儿摄入初乳后可提高免疫力、增强体质、抵御外界病原侵袭而健康成长。因此,初乳是全世界公认的可以影响新生儿初生阶段甚至一生健康的重要物质。

5. 正确的哺乳姿势是什么样

母亲可以坐或躺着喂宝宝,无论何种姿势,最终要使母

亲和宝宝都感到舒适、轻松。母亲的两臂要放在实处，背后用枕头或靠垫垫牢，然后抱紧宝宝，以乳头触及宝宝面颊，在宝宝转过头寻找乳头时，顺势将宝宝的身体稍侧，使其腹部贴近母亲的胃部。

6. 如何帮助宝宝含住乳头和乳晕

(1)在宝宝张大嘴时，帮助宝宝含住乳头和大部分乳晕。因为挤压乳晕才能使乳汁流出，仅仅吮吸乳头，会使乳头疼痛，而且由于吮吸到的乳汁少，宝宝可能哭闹甚至拒绝吮吸。

(2)若母亲乳房很大，应用食指和中指在乳晕根部托按乳房，以免妨碍宝宝鼻部通气。这样做还可以防止奶水流得太快，引起宝宝呛咳。

(3)奶胀时乳头的伸展性差，宝宝不能有效地吮吸，这时可用手将乳汁挤出一些，或用热毛巾敷敷，使乳房柔软，帮助宝宝有效地吮吸。

7. 喂奶后注意事项是什么

(1)喂奶时应让宝宝吃尽一侧乳房再吃另一侧。若仅吃一侧的奶宝宝已经吃饱，就应将另一侧的奶挤出，这样做的目的是预防胀奶。胀奶不仅使母亲感到疼痛不适，还有可能导致乳腺炎，而且会反射性地引起泌乳减少。

(2)给宝宝喂完奶后不要马上放在床上，而要把宝宝竖直抱起，让宝宝的头靠在母亲肩上，也可以让宝宝坐在母亲

腿上，以一只手托住宝宝枕部和颈背部，另一只手弯曲，在宝宝背部轻拍，使吞入胃里的空气吐出，以防止溢奶。

(3)若宝宝含着乳头睡着了，或是母亲由于某些缘故不得不中断宝宝吮吸时，可将母亲的一个干净手指轻轻按压宝宝嘴角，使乳头从宝宝嘴中脱出，切不可用力把乳头硬拉出来，以免乳头受损。

(4)母乳喂养不必加喂水，母乳含有宝宝所需的全部营养成分，其中包括水和维生素。

8. 如何判断婴儿是否吃饱了

刚做妈妈的人都不知道该喂宝宝多少奶。特别是晚上，小宝宝半个小时就要吃一次，吃一会儿就睡着，过不了多久又要吃。不知道是奶水不够，还是宝宝有问题。那么，怎样才能判断宝宝吃得饱不饱呢？下面告诉你四招。

(1)从乳房胀满的情况及新生儿下咽的声音上判断：宝宝平均每吮吸 2～3 次可以听到咽下一大口，如此连续约 15 分钟就可以说是宝宝吃饱了。如光吸不咽或咽得少，说明奶量不足。

(2)婴儿吃奶后应该有满足感：如喂饱后他对你笑，或者不哭了，或马上安静入眠，说明婴儿吃饱了。如果吃奶后还哭，或者咬着奶头不放，或者睡不到 2 小时就醒，都说明奶量不足。

(3)注意大、小便次数：母乳喂养的新生儿每天尿 8～9 次，排大便 4～5 次，呈金黄色稠便；喂牛奶的新生儿粪便是

淡黄色稠便，每天排大便3～4次，不带水分。这些都可以说明奶量够了。如果奶量不够，婴儿的尿量少，粪便不多，呈绿稀便。

(4)看体重增减：体重增减是最能说明问题的指标。足月新生儿头1个月每天增加25克体重，头1个月增加720～750克，第二个月增加600克。如果是体重减轻了，要么有病，要么喂养不当。喂奶不足或奶水太稀导致营养不足是体重减轻的因素之一。

注意了这四点，就可以很容易地判断宝宝到底吃得饱不饱了。

9. 怎样保证产后有足够的乳汁

乳汁的多少与它的产生和排出有关。乳汁的产生是通过泌乳反射来完成的。在脑底部的脑下垂体前叶分泌一种泌乳素，其可使乳房的腺体细胞分泌乳汁。婴儿的吮吸刺激乳房的神经末梢，这个刺激传到脑下垂体的前叶，产生泌乳素，再经过血液输送到乳房，使乳腺细胞分泌乳汁。吮吸的次数越多，乳房排空得越好。相反，如果不吮吸乳头，乳房就停止泌乳。所以，乳房是一个勤奋的供需器官，需要得越多，供给的就越多。分娩后为了有足够的乳汁，还须做到如下几点：①母亲要有自信心，精神愉快、放松，不急躁。②按科学的方法哺喂，分娩后及早开奶，按婴儿的需要随时喂奶，喂奶姿势要正确。③母亲在喂奶期间应保证足够的营养和合理平衡的膳食，不挑食、不偏食，多喝汤水等。④按孩子的生活规律尽快与之同步，孩子睡，妈妈也睡；孩子醒了，就做喂奶的护理，尽量保证休息好。⑤在喂奶的过程中，妈妈难免受到环境、情绪的影响，有时奶量会减少，这叫“暂时母乳不足”。只要坚持母乳喂养，让孩子勤吮吸，很快奶水又会多起来的。

10. 哪些情况不宜哺乳

母乳喂养并非任何时候都可以顺利进行，在某些特殊情况下就不宜采取母乳喂养。

【母亲的原因】

(1)患急性乳腺炎期间：母亲一旦患有乳腺疾病，尤其是中后期的乳腺炎，就可能导致乳汁被细菌污染，如果此时哺乳，容易将细菌传染给婴儿。另外，急性乳腺炎必须使用抗生素进行治疗，一旦药物在乳汁中达到一定浓度，尤其是比血液浓度还高时，婴儿吸食后就会严重影响身体健康。因此，在母亲患急性乳腺炎期间应暂停哺喂，待痊愈后再恢复母乳喂养。

(2)乳房存在活动性单纯疱疹病毒感染：如果乳房上存在活动性单纯疱疹病毒感染，尤其是在乳头或乳晕附近，婴儿吮吸母乳就可能因接触到这种病毒而被感染。因此，在此期间母亲应暂停哺乳。

(3)患传播性疾病时：很多传染性疾病的病毒可通过乳汁传播引起婴儿感染，如乙型肝炎病毒、巨细胞病毒感染，活动性结核及艾滋病等。因此，患乙型肝炎、结核病活动期或

被巨细胞病毒感染的母亲应停止哺乳，暂时改用人工喂养的方式。患有艾滋病的女性乳汁中含有艾滋病病毒，会引起婴儿感染，因此应严禁母乳喂养。

(4)感冒高热期间：母亲因感冒而出现高热时，最好暂停哺乳几天，同时定时将母乳挤出，待感冒痊愈再恢复母乳喂养。

(5)糖尿病不稳定期间：母亲患有糖尿病尚未稳定期间如果哺乳，就可能引起严重的并发症，严重时甚至会导致昏迷。因此，为了母亲的健康，此时应暂停哺乳。

(6)患有癫痫的女性：癫痫病一旦发作就会伤及婴儿，导致意外。另外，患有癫痫的女性需要长期服用抗癫痫药物，而这些药物成分会对婴儿产生一定影响，导致婴儿出现吮吸力不强、体重增加缓慢、嗜睡、呕吐等症状。因此，患有癫痫的女性不宜采取母乳喂养。

(7)患有心脏病及慢性肾炎时：当母亲患有严重的心脏病及慢性肾炎时，如果采用母乳喂养，就会增加心脏及肾脏的负担，严重时甚至还可能导致心力衰竭。

(8)患癌症时：母亲如果患有癌症就需要接受化疗，还需要长期服用抗癌药，这些都会严重影响母乳喂养，因此应停止哺乳。

(9)与婴儿长期分离时：如果母亲因上班、出差等原因需要与婴儿长期分离，那么就不得不暂时停止哺乳。

【婴儿的原因】

(1)患黄疸时：如果婴儿患有持续性黄疸，出现皮肤发黄等症状，医生一般会建议减少母乳哺喂量，并加喂一定量的配方奶粉，待黄疸基本消退后再恢复纯母乳喂养。但如果胆红素值超过20毫克/分升，就应暂停哺乳。

(2)患代谢性疾病期间：当婴儿患有半乳糖血症、苯丙酮尿症等代谢性疾病时，如果继续采用母乳喂养会加重病情，因此这时应暂停哺乳。

(3)患严重唇腭裂时：如果婴儿患有严重唇腭裂，就会出现吮吸困难的情况，因此不宜采用母乳喂养。

11. 要给新生儿喝水吗

给宝宝喂不喂水，要视情况而定。如果室内温度过高，新生儿容易缺水，在这种情况下可以给宝宝喂几毫升白开水。天气太热或出现腹泻时，宝宝体内也会缺水；如果看到新生儿嘴唇干燥，情绪不安时，也可以用小勺给宝宝喂几口白开水。

12. 如何处理胀奶与暂时性缺奶

有的妈妈哺乳期间遇上胀奶或暂时性缺奶等，就万分焦急。其实，只要在日常生活中稍加注意，运用一些小技巧，就能恰当解除烦恼。

(1)解除胀奶的技巧：当新妈妈发现乳房变得比平时硬挺，有胀痛、压痛甚至发热的感觉，而乳房看起来光滑、充盈，乳头也变得坚挺，并有疼痛感，宝宝也不容易含住妈妈的乳头时，就要考虑自己是胀奶了。

新妈妈之所以会发生胀奶，是由于女性产后体内泌乳激素大量增加，刺激乳汁的产生，并使乳腺管及周围组织膨胀。如果宝宝吮吸不及时，或是吃奶不多，妈妈就容易胀奶，这时可以采取如下措施：

①热敷。当妈妈胀奶疼痛时，可以自己用热毛巾热敷乳房，使阻塞的乳腺变得通畅，改善乳房循环。热敷时注意避开乳晕和乳头部位，因为这两处的皮肤较嫩。热敷的温度不宜过高，以免烫伤皮肤。

②按摩。热敷后，可以进一步按摩乳房。一般以双手托住单侧乳房，并从乳房底部交替按摩至乳头，再将乳汁挤在容器中的方式为主。乳房变得较为柔软了，宝宝才容易含住乳头吮吸，缓解胀奶。

③冲热水澡。当乳房又胀又痛时，不妨先冲个热水澡，将全身洗得热乎乎的，感觉会舒服些。

④借助吸奶器。妈妈若感到奶胀且痛得厉害时，可使用手动或电动吸奶器来辅助挤奶，目前市售的吸奶器效果还是很好的。

⑤冷敷。如果奶胀痛的非常严重，不妨以冷敷的方式止痛。特别需要注意的是，一定要记住先将奶汁挤出后再进行冷敷。

(2)解除暂时性缺奶的技巧：宝宝出生后，原本乳汁分泌旺盛，可是有一天突然就没有了奶胀的感觉，乳房胀不起来，宝宝饿得哭闹，检查时也没有发现妈妈有什么症状，这种缺奶症状是暂时性的，大多发生在产后 3 个月内，几乎每一个初产妈妈都可能发生。引起暂时性缺奶的原因很多，如环境突然改变，身体疲劳，对母乳喂养缺乏信心，或是产妇月经恢复，或是宝宝突然生长加快等。暂时性缺奶只是暂时现象，在确定不是乳房损伤或者妈妈身体患病的前提下，一定要坚持不加喂配方奶或其他辅助食品，一定不用奶瓶，最多坚持7～10天，暂时性缺奶就会好转；同时可以采取以下措施：

①多吃一些促进乳汁分泌的食物。

②坚持勤哺喂，每次喂奶双侧乳房都要让婴儿吮吸至少10分钟；坚持夜间哺乳。

③妈妈要保持精神愉快，保证足够的休息，要相信绝大多数妈妈完全有能力母乳哺喂。

④妈妈因患病暂时不能哺乳的，要坚持将乳房排空，每天6～8次或更多次。

⑤月经恢复时母乳可能少一些，此时可增加哺乳次数来补救。

13. 夜间哺乳有什么注意事项

由于婴儿的身体代谢比较旺盛，同时胃容积又比较小，因此除了白天的哺乳外，母亲还应保证夜间喂养。但需要注意的是，由于夜间是婴儿生长发育的重要时间，尤其是大脑发育，因此必须保证婴儿夜间持续的睡眠时间，避免人为打扰婴儿的睡眠，这样才能让婴儿茁壮成长。夜间哺乳时应注意以下事项：

(1)夜间哺乳时最好坐起来，避免躺着哺乳。这是因为夜间躺着给婴儿喂奶，母亲比较困倦，常处于朦胧状态，容易忽视乳房是否堵住婴儿的鼻孔，从而使婴儿发生呼吸困难，也可能因溢乳而发生窒息。因此，哺乳母亲最好坐起来哺乳，以保持清醒。

(2)夜里光线暗，视物不清，不容易发现婴儿的脸色及是否溢奶。因此，哺乳时室内光线不要太暗，最好开灯，喂奶后仍要竖抱起婴儿进行拍嗝。观察一会儿，婴儿安稳入睡即可关灯睡觉。

(3)夜间不要婴儿一哭就马上用乳头哄，这样会导致婴儿夜间吃奶的次数越来越多，养成不良的吃奶习惯，不易形成睡眠规律，还会影响母婴休息，时间长了，不但母亲没有精力，还会影响孩子发育。

14. 双胞胎婴儿哺乳有哪些注意事项

对于一个婴儿，母乳喂养不成问题。但如果是双胞胎，那么母亲在哺乳时就要更加注意，尽量做到同时哺乳两个婴儿。

(1)哺乳双胞胎的姿势

①躺卧抱法。母亲脸部朝上仰躺，将枕头或毯子放置于头、颈及肩膀之下。将两个婴儿置于母亲的身体上，使两个婴儿的膝盖在母亲的身体中央交会，类似于直立式的摇篮式抱法。注意要在母亲的手臂下方垫上枕头，以使婴儿保持在良好的哺乳位置。

②扳手式抱法。母亲将两个枕头分别放置在两条腿上，然后将两个婴儿分别安置于身体两侧。使两个婴儿的头部

均朝向乳房，身体置于母亲的手臂之下，并向后背延伸。母亲将两个婴儿抱近身体，用双手支撑他们的颈部。在母亲的背后垫上枕头或毯子，使身体保持直立且微微前倾的姿势，避免提高肩膀的方式将婴儿抱近乳房，以免造成肩膀及颈部僵硬、受伤。

③双摇篮式抱法。母亲将两个婴儿分别安置在左、右两臂的臂弯中，使他们的身体在母亲的大腿上交叉，并能够双人面朝乳房，得以顺利吮吸到乳汁。

(2)哺乳双胞胎的注意事项

①如果有条件，母亲可以买一个U形的双胞胎专用哺乳枕，这种枕头表面大而结实，能同时支撑两个婴儿，这样母亲的双手就得以解放出来调整位置或给婴儿拍嗝。借助枕头，还能改变母乳喂养的姿势。

②每次喂母乳时，最好换一下两个婴儿所吸乳房，如果是一个婴儿比较能吃的话，就更应时常交换。如果母亲记不住哪个婴儿吃了哪一边，那么可以每天交换一次。定期让两个婴儿来回换着吃，有助于母亲两侧的乳房均衡泌乳，并减少乳管阻塞的可能。让婴儿轮换着吃奶还能使两个婴儿的眼睛得到同等的锻炼和刺激。

③如果双胞胎是早产儿，并且其中一个婴儿必须在医院多待一些时间，那么母亲可以在用一个乳房喂奶的同时，把另一个乳房的奶挤出来，以便保证乳汁的分泌量。

15. 哺乳母亲用药禁忌有哪些

有些药物会使婴幼儿产生不良反应，因此哺乳女性在服药时应多加注意。虽然大部分药物会随肾脏排出体外，存留在乳汁中的浓度很低，每天排出的量也不足以对婴儿产生不良反应。但有一些药物在乳汁中的排出浓度较高，是哺乳女性应禁用或慎用的药物。另外，即使有些药物对婴儿来说是相对安全的，但哺乳女性也一定要慎重使用。正确的做法是在生病时及时去医院诊治，并告知医生自己哺乳的情况，让医生给予正确的服药方案，切忌自己随意乱服药。如果哺乳期间必须服用禁忌药物，则应停止哺乳，暂以配方奶粉喂养婴儿。

下面是哺乳女性应该慎用或禁用的一些药物，以供哺乳女性参考。

(1)磺胺类：如磺胺异噁唑、丙磺舒、磺胺嘧啶、磺胺甲基异噁唑、复方新诺明、甲氧苄啶等。这类药物本不易进入乳汁，但由于婴儿的药物代谢系统尚未发育完善，肝脏解毒能力不强，即使少量进入婴儿体内也会对其产生不利影响，会使婴儿出现溶血性贫血。所以，哺乳母亲不宜长期大量使用，尤其是长效磺胺制剂。

(2)氨基糖苷类：庆大霉素、链霉素等氨基糖苷类在乳汁中浓度较高，会损害婴儿的听力，应禁用。

(3)中枢抑制药：如苯巴比妥、地西泮、安定、氯氮䓬（利眠宁)等,可引起婴儿嗜睡、体重下降,甚至虚脱,应禁用。

(4)避孕药:避孕药会抑制泌乳素生成,使乳汁分泌量下降,而且避孕药还可能使男婴乳房变大及女婴阴道上皮增生,应禁用。

(5)氯霉素:可造成致命的灰婴综合征,应禁用。

(6)卡那霉素:可导致婴儿出现中毒症状,发生耳鸣、听力减退及蛋白尿等。

(7)金刚烷胺:会导致婴儿出现呕吐、尿潴留、皮疹等症状,应禁用。

(8)抗癌药物:可引起婴儿骨髓抑制,出现白细胞水平下降,应禁用。

(9)抗甲状腺药物:可抑制婴儿的甲状腺功能,应禁用。

16. 妈妈生气时可以喂奶吗

人在生气时体内会产生毒素,而这种毒素会使水变成紫色且有沉淀。动物实验表明,这种因生气而出现的毒素加入水中,并将水注射到动物体内会影响其健康,严重时可致小动物死亡。因此,哺乳女性切不可在生气时或刚生完气时哺乳,以免婴儿吃进带有毒素的乳汁而中毒,从而对婴儿的健康产生不利影响。平时,女性在哺乳期间应学会调整情绪,保持良好的心态,尽量避免生气。

17. 哺乳期女性可以化浓妆吗

母亲身体上的气味对婴儿有着特殊的吸引力，并可激发出婴儿愉悦的吮吸情绪，即使是刚出生的新生儿也能将头转向有母亲气味的方向来寻找母亲的乳头。如果母亲化了浓妆，就会让陌生的化妆品气味将熟悉的母体气味掩盖住，从而使婴儿感受不到母亲的熟悉感，会因难以适应而出现情绪低落、吃奶量下降等现象，严重妨碍发育。因此，女性在哺乳期间应避免化浓妆。

18. 穿工作服哺乳有何害处

有些女性因工作较忙，有时回家哺乳时来不及换下工作服就开始喂婴儿吃奶。其实，这对婴儿的健康十分不利。这是因为工作服上往往会粘有很多肉眼看不见的细菌、病毒及其他有害物质。因此，母亲无论有多忙，都要先脱下工作服和外套，并换上居家服，洗净双手后再给婴儿喂奶，以确保婴儿的健康。

19. 妈妈感冒了还能给宝宝喂母乳吗

妈妈感冒了也可以继续喂奶。上呼吸道感染是很常见的疾病，空气中有许多致病菌，当你的抵抗力下降时就会生病。妈妈患感冒时，早已通过接触把病原带给了宝宝，即使停止哺乳也可能会使宝宝生病，相反，坚持哺乳反而会使宝宝从母乳中获得相应的抗病毒抗体，增强宝宝的抵抗力。当然，妈妈感冒很重时应尽量减少与宝宝面对面的接触，可以戴口罩，以防呼出的病原体直接进入宝宝的呼吸道。

妈妈感冒不重，可以多喝开水或服用板蓝根冲剂、感冒清热冲剂，如果病情较重需要服用其他药物，应该严格按照医生处方服药，以防止某些药物进入母乳而影响宝宝。

如果不能确定服用的药物是否会影响宝宝，可以询问开药方的医生或小儿科医生。

20. 哺乳期得乳腺炎有什么症状

乳腺炎是指乳腺的急性化脓性感染，是产褥期的常见病，也是引起产后发热的原因之一，最常见于哺乳妇女，尤其是初产妇。哺乳期的任何时间均可发生，而哺乳的开始最为常见。那么，哺乳期乳腺炎的症状有哪些呢？

哺乳期乳腺炎症状包括乳房疼痛，局部皮肤发烫、红肿等。哺乳期乳腺炎症状多出现在产后1个月左右，造成新妈妈哺乳困难。不同时期的患者会有不同的症状表现，哺乳期乳腺炎的症状有：

(1)脓肿形成期：由于治疗措施不得力或病情进一步加重，这时哺乳期乳腺炎症状可出现局部组织发生坏死、液化，大小不等的感染灶相互融合形成脓肿的症状。

(2)急性单纯乳腺炎：急性单纯的哺乳期乳腺炎症状主要是乳房的胀痛，局部皮温高，出现边界不清的硬结，有触痛。

(3)急性化脓性乳腺炎：急性化脓性乳腺炎的症状主要

表现为局部皮肤红、肿、热、痛，特别是哺乳期乳腺炎症状出现较明显的硬结，触痛增加，同时病人可有寒战、高热、头痛、乏力、脉速等全身症状。此时腋下可出现肿大的淋巴结，有触痛，化验血白细胞数升高，这种哺乳期乳腺炎症状严重时可合并败血症。

21. 妈妈患乳腺炎怎么喂宝宝

妈妈发生乳腺炎后不必轻易回奶，而应请医生诊治，继续哺乳。

发生乳腺炎的主要原因是乳腺导管不通畅，乳汁淤积，引起细菌侵袭而导致感染。当有乳房肿胀、乳核形成时，让宝宝继续吃奶对妈妈有好处，因为宝宝的有力吮吸可以起到疏通乳腺导管的作用。

每次喂奶时，应先让宝宝吸患侧。如果炎症很严重，甚至发生脓肿时应暂停哺乳，将乳汁挤出或用吸奶器吸出，经消毒后仍可喂给宝宝。实际上只要认真坚持母乳喂养，那么乳腺炎的发生率会极大降低。

在选择使用抗生素时，一定要选用那些不经乳汁排泄，对宝宝无害的药。

22. 母乳不足怎么办

有关妈妈乳汁不足的各类问题，其实都是可以改善的。

(1)乳头矫正：以左手或右手的食指及拇指放在乳晕两

旁，先往下压，再向两旁推开；或是以乳头为中心点，采取左右、上下对称的方式按摩，这种方法会使乳头较易突出。另外，也可在分娩前注意乳房及乳头的保养。可在洗澡时以清水洗涤乳房，但不可太过用力清洗乳头，以免引起子宫早期收缩。

（2）勤于喂奶，让宝宝多吮吸妈妈的乳头：其实妈妈的奶水越少，越要增加宝宝吮吸的次数。由于宝宝吮吸的力量较大，正好可借助宝宝的嘴巴来按摩乳晕。婴儿出生后被抱在妈妈胸前时，自然而然地就会开始寻找乳头。建议新妈妈一定不要因为刚开始没有乳汁就不让孩子吮吸奶头，应该让他多多接触乳头，渐渐地婴儿就会学着靠自己的力量去吮吸了。由于宝宝的这种吮吸是使出了全身的力气，会使妈妈的乳头很痛，妈妈可千万不要因为怕痛而不喂宝宝母乳呀！

妈妈应每 2～3 小时喂宝宝 1 次，但仍要配合宝宝的需求来喂。宝宝只要饿了就喂，喂得越多，奶水分泌得就越多。至于宝宝吃的奶是否足够的问题，可以检查孩子的尿片，只要一天至少换 6～7 片的话，就表示宝宝吮吸的奶水量足够了。

（3）尽量不用配方奶粉补充：妈妈若无特殊状况发生如腮腺炎、发热、乳头皲裂等，应尽量让宝宝吃母乳。喂婴儿配方奶粉会让宝宝缺乏饥饿感，从而减少吮吸母乳的机会，这样一来妈妈的奶水自然就会减少。

（4）补充水分，均衡饮食，不急于减肥：喂母乳者要注意营养的摄取，做到均衡饮食。喂奶时，每天要消耗 2 100～4 200 千焦的热能，妈妈所摄取的食物种类也会直接影响乳

汁的分泌与质量。因此，均衡摄取各种食物是很重要的，包括碳水化合物、脂肪、蛋白质、维生素、矿物质五大营养元素。哺乳妈妈要特别注意钙质与铁质的吸收，这方面可从奶类或豆制品中摄取。民间食疗如猪蹄、麻油鸡、鲫鱼汤等也都是下奶的食物，可以吃，但不可过量，以免造成肥胖。均衡饮食，是哺乳妈妈的重要法则。

哺乳妈妈对水分的补充也应相当重视。由于妈妈常会感到口渴，可在喂奶时补充水分，或是多喝鲜鱼汤、鸡汤、鲜奶及开水等汤汁饮品。水分补充适度即可，这样乳汁的供给才会既充足又富营养。

为了恢复身材而急于减肥的妈妈很难保证奶水的供应。在此建议哺乳妈妈最好能等哺乳期结束以后再控制饮食减肥，其实喂奶已经消耗了很多热能，只要妈妈们饮食不过量，再配合着做一些产后运动，就能避免脂肪的囤积。

(5)避免乳头受伤：新妈妈的乳头若有破皮、皲裂或流血的现象并导致发炎时，应暂时停止吮吸受伤的一侧，让宝宝先吮吸健康一侧的乳房，待伤口痊愈后再进行哺喂。为避免乳头受伤，建议妈妈们采用正确的喂奶姿势，控制好单侧的吮吸时间，否则很容易反复受伤，从而影响母亲喂奶的信心。

(6)保证睡眠：有些妈妈会因产后激素的大量改变而引起产后忧郁症，如果再加上喂母乳的疲倦及压力，会使奶水量减少。因此，哺乳妈妈要多休息，保持心情愉快，才能有更多的奶水。

23. 母乳喂养的婴儿腹泻是怎么回事

纯母乳中因乳糖含量较高，故吃母乳的宝宝排便次数较多，可以达到每日6～7次；粪便呈稀糊状，金黄色，可有少量奶瓣，这是由于母乳中的部分蛋白质没有来得及被消化就排出去的缘故。母乳性腹泻是生理性的，不会影响宝宝的正常生长发育，除非是严重的乳糖不耐受，即使喂普通奶粉宝宝也会不耐受。所以，不要担心，随着宝宝慢慢长大，拉的次数会少的，到添加辅食后粪便就成形了。

但是，宝宝粪便如果每天超过8次，或完全是水样，可能是消化不好，根据粪便可判断宝宝的消化情况。

(1)奶瓣蛋花样便：粪便稀且酷似蛋花样，每日5～6次，这是由于蛋白质、脂肪消化不良所致，此时应减少母乳喂养的时间及喂量。

(2)灰白色稀便或糊状便：宝宝粪便外观发亮如奶油状，每日3～4次或更多，多因进食油腻食物过多所致。原因是奶中脂肪量较高，肠道消化酶不足，母乳的最后部分含脂肪较多。故可缩短母乳哺喂时间，尽量避免婴儿吃到最后的乳汁。

(3)治疗宝宝腹泻的好办法：取少量糯米加1个苹果一起煮，水多点，煮好了的汤水给宝宝喝，不要超过30毫升，苹果要去皮切片。苹果汁有收敛的作用，所以能治疗宝宝腹泻。如果没有糯米，可以用大米代替。

24. 母乳喂养乳头皲裂怎么办

产后对乳头护理不当是导致乳头皲裂的原因之一。如果女性有乳头内陷或乳头扁平的情况，并且在怀孕期间没有处理好，那么产后新生儿吮吸乳头会比较困难，乳头也容易发生损伤和皲裂，有时候还会出血。

乳头一旦破裂，在哺乳时会感觉十分疼痛，因此妈妈常常不敢喂奶。这样，乳房就会因经常得不到排空而导致乳汁分泌逐渐减少。如果再造成乳汁淤积，细菌由裂口进入，便会引起急性乳腺炎，甚至乳房脓肿。

那么，如何应对乳头皲裂呢？可先用温开水洗净乳头皲裂部分，再涂以10%的鱼肝油铋剂或复方安息香酊，也可将等量的黄柏粉、白芷粉用香油或蜂蜜调匀后涂敷在患处。每次喂奶前，先将乳头上的药物洗净，并用乳头护罩或消毒纱布保护乳头。如果乳头皲裂较严重，应停止喂奶24～48小时。在这段时间，可以采取人工喂养的方式，也可用吸奶器将奶液吸出放入奶瓶中喂新生儿。

25. 什么是合理的母乳喂养

孩子吃饱了吗？这个问题是每位初当母亲的人都会遇到的，尤其是新生儿啼哭，母亲往往会误认为孩子没有吃饱，因饥饿而哭。孩子究竟有没有吃饱，可以首先查看孩子吃进了多少量，同时也要考虑孩子的个体差异，即使是同一年龄同一体重的孩子需要量也会很不相同，这与孩子的个子大小也有关系。孩子单纯的哭不能判定就是饥饿，因为“哭”仅仅是外在表现，引起的原因是多方面的。尤其新生儿只会用哭来表示需求，尿湿了、碰痛了、肚子痛、发热等都能引起他啼哭。虽然饥饿了也是哭，但哭声会很不一样。因饥饿而哭，其啼哭声中会带有可爱的哀哭声，当有人走近他时，哭声就可变为“哎咳、哎咳”之声。如果想知道孩子是否吃饱了，乳母对孩子的喂养是否合理，可观察以下几个方面。

(1)体重是否有规律地增加：婴儿的体重在出生后增加是有规律的，出生后 12 天内，即使吃奶正常体重也会不升不降，这是因为出生后胎粪的排出、全身水分的减少，加上吃得较少、消化功能尚差等原因。12 天之后体重回升，一般出生后头 3 个月每天可增重 18～30 克，4～6 个月每天增重 20～25 克，7～12 个月每天增重 15 克。但必须说明，这个增加的体重是指平均数而言，不是天天如此，也用不着天天去称。一般满月时增重为 500～800 克，但有的孩子往往超过了这个数。婴儿头 6 个月每月可增重 1 千克。体重增加与否是衡量孩子进食量的标志之一。

(2)孩子的粪便是否正常：吃母乳的婴儿在出生后 40 天内每天排粪便有 3 次左右，同时体重增加良好，即属正常。如果喂牛奶或奶粉会粪便干燥，但只要一天 1 次都属正常；若是稀便，体重不增加应检查原因，是否是配制的奶品不新鲜或受了污染，严重的需找医生诊治。

(3)孩子的脸色和精神状态如何：如果孩子的脸色不好，

精神状态也差，还啼哭，这就要考虑是否有不正常的因素。在正常情况下，孩子的精神、情绪都会很好，吃得也好，很少哭闹，睡得很好，醒觉后精神很愉快，体重增加也正常，这样就可以认为孩子喂养得较好。

(4)孩子睡眠、啼哭、粪便三者的关系是否异常：孩子在这三方面出现异常，往往都是由于不合理的喂养方法所引起的。例如，不按时喂或一哭(不加区别)就喂，而每次都没有喂饱。由于喂奶次数频繁(尤其是 2 个月左右的小儿)，婴儿的胃肠道得不到休息，便会引起消化功能不正常，于是排便次数会增多，而婴儿还常常处于饥饿状态，经常啼哭，又影响了正常的睡眠。母亲为了求得安静，会把孩子抱在怀里，拍着、摇着，企图能使孩子入睡，这样即使婴儿睡着了也不能持久。时间一长就养成一种坏习惯，即不抱、不拍、不摇晃他就不睡觉，这样也会影响母亲的休息，使奶量减少。因此，必须从新生儿期开始，根据婴儿消化道的特点，耐心地为他建立起一定的生活规律，坚持每 2～3 小时喂 1 次，每次喂 15～20 分钟；2 个月后逐渐地改为 3～4 小时 1 次，每次 10～15 分钟。只要坚持按时喂奶，从小养成有规律的生活习惯，婴儿吃饱后就会安静入睡，粪便也会变正常，体重就能正常增加。

26. 母乳喂养是不是可以避孕

哺乳期不会怀孕的传统观念已被科学结论否定。最近，一项“产后排卵恢复时间及其影响因素的研究”报告得出的

结果表明:50%以上的妇女在产后60天内已恢复排卵。故产后一旦恢复性生活应立即避孕,不能因尚在闭经期而不采取措施。长期以来,哺乳期闭经被作为一种自然避孕法在民间盛行,国内外也有关于将哺乳期闭经作为避孕方法的报道和研究。由于实践中出现越来越多的哺乳期怀孕的例子,故产后应早期避孕的倡导近年已得到较广泛的认同。但是,由于缺乏科学依据,至今关于产后避孕的具体时间没有说法。为避免产后妊娠给妇女健康造成损害,认清产后排卵和月经恢复期及影响因素,该研究对1 000例正常产妇从产后第二周起进行B超及尿LH(促黄体生成激素)检测,如无排卵征象,以后每隔2～3天进行一次尿LH水平的检测,每周进行一次B超检测,从B超观察到卵泡开始发育或晨尿LH检测出现阳性反应时开始,每天进行B超和尿LH试剂检测。该研究获得了产后排卵时间和月经恢复的有关数据:排卵恢复时间最早为14天,母乳喂养、混合喂养和人工喂养三组的排卵恢复时间分别为59天、50天和36天,而产后月经恢复时间平均为101天。由此可以看出,指望哺乳期闭经自然避孕的观念是不现实的、危险的。虽然科研数据提示母乳喂养在一定程度上推迟排卵,但这种推迟十分有限,不可以替代避孕。研究还发现,体重指数大于或等于24的体型较肥胖者,排卵恢复时间长于体重指数小于或等于24者;初潮年龄大于15岁者,排卵恢复时间长于初潮年龄小于15岁者;营养较好者排卵恢复时间比一般营养者短;年龄、职业、文化程度对排卵恢复时间也有一定的影响。

27. 如何正确掌握宝宝需要的奶量

就身体而言，妈妈是完全能够喂养自己的婴儿的，乳房的大小与可产生的奶量无关。奶量取决于婴儿的摄食量，婴儿摄食的奶量越多，妈妈的乳房产生的奶量也越多。

新生儿需要的奶量为每450克体重每天50～80毫升。一个3千克体重的婴儿每天需要400～625毫升奶量。妈妈的乳房每天能产奶640～800毫升。此外，新妈妈还应该注意观察宝宝吃饱时的表现，以便及时停止喂奶。一般判断新生儿是否吃饱有以下方法：

喂奶前乳房丰满，喂奶后乳房柔软。

喂奶时可听见婴儿的吞咽声(连续几次至十几次)。

妈妈有下乳的感觉。

尿布24小时湿6次以上。

宝宝粪便软，呈金黄色糊状，每天2～4次。

在两次喂奶之间，宝宝很满足、安静。

宝宝体重平均每天增加18～30克，或每周增加125～210克。

28. 新生儿哺乳吃吃停停怎么办

3个月以内的婴儿吃奶时总是吃吃停停，吃不到三五分钟，就睡着了；睡眠时间又不长，半小时一小时又醒了。

妈妈奶量不够，婴儿吃吃睡睡、睡睡吃吃。哺喂时要用手轻挤乳房，帮助乳汁分泌，婴儿吮吸就不太费力气了。两侧乳房轮流哺乳，每次15～20分钟。

如果母乳充足，婴儿却吃吃睡睡，妈妈可轻捏宝宝耳垂或轻弹足心，叫醒喂奶。

如果奶量不足或喷乳反射弱，总是吸空乳房或吮吸很费力，宝宝面颊肌疲劳，就会休息，甚至睡着了。一旦影响宝宝体重增加，需要额外补充配方奶。如果喂完奶还不到1个小时宝宝就饿醒了，而这时你的乳房还是瘪瘪的，就可以临时喂一次配方奶。要注意，配方奶的温度应与母乳的尽量一致，奶嘴的柔软度也应与妈妈的乳头相似，使婴儿难以辨别，否则婴儿会拒绝吮吸。

29. 如何分清宝宝溢奶与吐奶

看到婴儿呕吐，父母总会感到不安，不知是什么原因，该如何对待。实际上，婴儿呕吐有溢奶和吐奶两种情况，在护理时应区别对待。

多数情况下呕吐是婴儿的一种正常的生理现象。婴儿的胃呈水平位，贲门较松弛，在平卧时易于呕吐。如果喂饱后无压力、无喷射性地从口边吐出少许乳汁，但无面色改变，吐后不啼哭，称溢奶，为婴儿正常现象。这种现象会随着婴儿长大而减少，直到7个月至1岁才停止。另外，婴儿吃奶前哭闹较剧烈，吃奶时吸入空气过多，可因嗳气而溢奶。人工喂养不当，如橡皮乳头开孔过大，授奶过速，喂量过多、太烫、太冷，都可引起溢奶。

吐奶则是指给婴儿喂奶后发生的一种较强烈的呕吐，有时呈喷射性，可见黄绿色胆汁，甚至吐出咖啡色液。虽然呕吐有时也可发生于喂养不当或暂时性功能失调，但一些疾病引起的呕吐应引起家长的格外注意。例如，婴儿咽下综合征，是因为羊水咽下过多，刺激胃黏膜引起的呕吐，常在出生后 1～2 天内发生，可自行缓解；幽门痉挛可在出生后 1 周内开始间歇性呕吐，亦呈喷射状；上呼吸道感染、肺炎、鹅口疮、脑炎等除呕吐外，还有原发性疾病的表现。这些由疾病引起的呕吐，父母应带孩子及时去医院治疗。

给新生儿哺乳后，应抱起趴在妈妈肩部，轻轻拍拍婴儿背部，促使吃奶时吸进胃里的空气排出来，然后轻轻地让他（她）躺下，躺的姿势以右侧卧位为好。右侧卧位时胃的贲门口位置较高，幽门的位置在下方，乳汁较容易通过胃的幽门进入小肠。持续右侧卧位约半小时，注意不要晃动婴儿，这样可以防止溢奶。

30. 如何挤奶及储存母乳

（1）手工挤奶方法

①准备多个经煮沸消毒能加盖的透明塑料储奶杯。

②用肥皂水彻底清洗双手，用温开水轻擦乳房。

③湿热敷双侧乳房 3～5 分钟，并怀着愉快的心情向乳头方向轻轻按摩乳房。

④身体前倾，用手托起乳房。

⑤拇指和食指相应放在乳晕上下方，用两指内侧向胸臂

方向有节奏地挤压乳头后方的乳晕，并在乳晕周围反复转动手指位置，这样才能挤空每根乳腺管内的乳汁。

(2)母奶储存方法

①按上述挤奶方法直接挤奶于杯内，每杯储存宝宝一次奶量。

②每杯奶挤够后要立即加盖，浸入冷水中 1～2 分钟，然后存放在 4℃的冰箱里冷藏，在 24 小时内使用。

③喂奶前应隔水加热，温度适宜即可喂宝宝。

④先用储存期最长的奶。

31. 合理膳食能提高母乳质量吗

乳母所需热能和营养素比普通成年人高，所以餐次要比平时多，营养物质的浓度要比平时大些，食物种类也要全面，所需营养一般可与孕晚期相同。

母乳是由母体营养转化而成，所以喂奶的妈妈应该食量充足，营养丰富，因为她肩负着双重任务，一是供给自身需要，二是泌乳需要。食物中蛋白质应该多一些，因为食物中的蛋白质仅 40%可转化成母乳中的蛋白质。食物中还应有足够的热能和水，较多的钙、铁、维生素 B_1 和维生素 C。

乳母不应偏食、挑食，否则影响母乳质量。如果肉、蛋、青菜吃得少，乳汁缺乏叶酸和维生素 B_{12}，婴儿易患大细胞性贫血。一般乳母每天应吃粗粮 500 克，牛奶 250 毫升，鸡蛋 2 枚，蔬菜 500 克，水果 250 克，油 50 克，适量的肉类和豆制品。

坐月子期间，产妇可以适当吃些山楂及山楂食品，这是

因为山楂可有助于产妇的子宫收缩及恶露的排出，对恢复身体健康有好处。应避免吃刺激性的食物，如辛辣的调味料、辣椒、酒、咖啡及香烟等；还有油炸食物、脂肪高的食物。

乳母不要吃腌制的鱼、肉类食物，一般成年人每天食盐量为 4.5～6 克，根据平时习惯，不要忌食盐，也不要吃得太咸，食盐过多会加重肾脏的负担。不要食用过量味精，食用味精对婴儿发育有严重影响，特别是对 12 周龄以下的婴儿，会造成婴儿智力减退，生长发育迟缓等不良后果，在哺乳期最好忌食味精。

乳母不要喝茶水，因为茶叶中含有的物质会随乳汁进入婴儿体内，使婴儿容易发生肠痉挛和无缘无故啼哭，使婴儿睡眠不好，引起其他并发症，影响婴儿健康。不能吃引起回奶的食物，如韭菜、麦芽、人参等。不能多喝麦乳精，因为麦乳精中的麦芽会抑制乳腺分泌乳汁，使乳汁减少，对婴儿健康不利。

提高奶水质量是关系到宝宝身体健康发育的重要因素，妈妈可能在饮食上有所偏好，但是为了宝宝好，其实也为了自身好，应尽量参照以上建议，保全营养。

三、人工喂养与混合喂养

1. 何为混合喂养

如果母亲乳汁分泌不足或因工作原因无法实现白天哺乳，就需要在母乳喂养的基础上加用其他乳品或代乳品来喂养婴儿。这种方法就是混合喂养，也称部分母乳喂养。

混合喂养虽然比不上纯母乳喂养，但相对而言比人工喂养更好一些，其缺点是不宜掌握好每次的喂奶量，采取混合喂养时，母亲应每天按时进行母乳喂养，每次哺乳时间不应少于10分钟，并坚持每天保证喂三次母乳。可在两次喂母乳之间喂配方奶。

把握好混合喂养的时间。母乳间隔时间灵活掌握，可1～3小时喂一次，配方奶喂奶间隔时间要相对限制，可2～3小时喂一次，最好3小时喂一次。由此可确定混合喂养的时间安排。

如果上次喂的是母乳，下次喂奶时间可不限制，宝宝饿了就喂，妈妈感觉奶胀了就喂。如果上次喂的是配方奶，下次喂奶时间最好间隔2～3小时。

2. 混合喂养的方法是什么

科学合理的混合喂养对婴儿的生长发育至关重要。母亲在采用混合喂养时应注意采用正确的方法。

(1)母乳与配方奶分开喂:采取混合喂养时,要将母乳与配方奶分开喂,而不要同时既喂母乳又喂配方奶,这样不但不利于婴儿消化,还容易使婴儿对乳头产生错觉,从而可能使婴儿因拒绝用奶瓶吃奶而引发厌食配方奶。另外,冲配方奶时每次的量不要放太多,尽量不让婴儿吃长时间搁置的奶粉,冲调配方奶的水温不要太高。

(2)坚持母乳喂养:采用混合喂养的方式,就需要用奶瓶来喂婴儿,由于橡皮奶嘴的孔较大,婴儿吮吸起来不费力,吃起来比吮吸母乳更痛快。这时,有些婴儿就会因母乳流出较慢,吃起来较费力,而拒吃母乳。因此,为了防止婴儿拒吃母乳,母亲平时应尽量多喂婴儿母乳,不能随意增加配方奶的量。另外,由于婴儿的吮吸对母乳的分泌十分有益,因此如果多让婴儿吃母乳,就能增加婴儿的吮吸时间和次数,从而使母乳分泌量增加。

(3)夜间采取母乳喂养:夜间女性处于休息状态,乳汁的分泌量相对增多,婴儿的需要量又相对减少,因此夜间最好采取母乳喂养的方式喂婴儿。另外,由于女性夜间比较累,尤其是后半夜,此时起床给婴儿冲奶粉会影响休息,因此从这个角度来看,夜间也应以母乳喂养为主。但如果母乳的分泌量确实太少,婴儿无法吃饱,那么夜间就必须以配方奶喂

养为主了。

(4)让婴儿逐渐接受奶瓶:刚开始用奶瓶喂奶时,婴儿可能会因不熟悉奶嘴而拒绝吃奶。这时,母亲应想办法让婴儿逐渐接受奶瓶。比如,每次喂奶前,母亲要抱抱、摇摇、亲亲婴儿,这会使婴儿感觉愉悦,更容易接受奶瓶;喂奶时,不要将奶嘴直接放入婴儿嘴里,最好放在嘴边,让婴儿自己寻找,并主动将奶嘴含入口中;喂奶时,应采取让婴儿感到舒服的姿势来喂食;在喂奶过程中,母亲可用自己的衣服裹着婴儿,让婴儿闻到母亲的气味,以降低其对奶瓶的陌生感。

3. 婴儿配方奶粉如何分类

配方奶粉又称为乳化奶粉,它是为了满足婴儿的营养需要,在普通奶粉的基础上加以调配的奶制品。它去除牛奶中不符合婴儿吸收利用的成分,甚至可以改进母乳中铁的含量过低等一些不足,是婴儿健康成长所必需的,因此给婴儿添加配方奶粉成为世界各地普遍采用的做法。但是,任何配方奶也无法与母乳相媲美。它主要分为以下几种。

(1)普通婴儿配方奶粉:以牛奶为基础之婴儿配方奶,适用于一般的婴儿。市售婴儿配方奶粉成分大多可符合宝宝需要,但仍有些成分比例不相同;并且按月龄分为不同阶段。可按月龄来选择。当发现所食用的婴儿配方奶粉与宝宝的体质不合时,应立即停止原配方,改用其他品牌配方。

(2)早产儿配方奶粉:早产儿因未足月出生,消化系统发育更差,此时仍以母乳为最合适或使用专为早产儿设计之早

产儿配方，待早产儿的体重发育至正常才可更换为婴儿配方奶粉。

(3)成长奶粉：这类奶粉大多是为 6 个月以上的婴儿设计的，营养含量较婴儿配方奶粉高，蛋白质含量也高了许多。由于这个阶段的婴儿已经开始接受其他辅食，营养吸收范围扩大，因此不必特别更换成此种成长奶粉。

(4)免疫奶粉：免疫奶粉是一种由生物科技研发制造而成的功能性奶粉，含有活性生理因子、特殊抗体及奶粉营养成分，具有增强和提高身体免疫力的功效。只要确定婴儿不会对奶类制品过敏，可以选择搭配日常饮食使用。

(5)强化奶粉：高蛋白奶粉、补钙奶粉、高铁奶粉等都属于强化奶粉，这类奶粉各有其特殊的成分及使用适应证，但须经过儿科医生评估认可后才能给婴儿搭配食用。

(6)不含乳糖婴儿配方奶粉：又称为黄豆配方奶粉。此配方不含乳糖，乃针对天生缺乏乳糖酶的宝宝及慢性腹泻导致肠黏膜表层乳糖酶流失的宝宝而设计的。宝宝在腹泻时可停用原配方奶粉，直接换成此种配方，待腹泻改善后，若欲换回原奶粉时，仍须以渐进式进行换奶。

(7)水解蛋白配方奶粉：其提供的营养可完全符合宝宝的需求，只是营养成分已经事先水解过，食入后不须经由肠胃消化即可直接吸收，多用于急性或长期慢性腹泻，肠道黏膜层受损，多种消化酶缺乏之宝宝，或短肠症宝宝等。

4. 如何选择配方奶粉

(1)看颜色:奶粉应是白色略带淡黄色,如果色深或带有焦黄色为次品。包装完整,标识有商标、生产厂名、生产日期、批号、保存期限等。不同材料的包装,其保存期限不同。马口铁罐密封充氮包装的保存期限为2年,非充氮包装的为1年;瓶装的为9个月,袋装的为6个月。

(2)闻气味:奶粉应带有清淡的乳香气,如果有腥味、霉味、酸味,说明奶粉已变质。脂肪酸败味,这主要是奶粉加工时杀菌不彻底所致;脂肪氧化味,这主要是奶粉中的不饱和脂肪酸氧化所致;陈腐气味和褐变,这是奶粉受潮所致。

(3)凭手感:用手捏奶粉时应是松散柔软。如果奶粉结了块,一捏就碎,是受了潮。若是结块较大且硬,捏不碎,说明已变质。塑料袋装的奶粉用手捏时,感觉柔软松散,有轻微的沙沙声;玻璃罐装的奶粉,将罐慢慢倒置,轻微振摇时,罐底无黏着的奶粉。

(4)水冲调:奶粉用开水冲调后放置5分钟,若无沉淀说明质量正常。如有沉淀物,表面有悬浮物,说明已有变质,不要给宝宝吃。取一勺奶粉放入玻璃杯内,用开水充分调和后,静置5分钟,水与奶粉溶解在一起,没有沉淀。

5. 配方奶粉如何储存

(1)奶粉冲调后的储存:尽量现配现用。如果一次配数

瓶奶水，一定要将冲调好的奶水加上盖子立刻放入冰箱内储存，并应于24小时内用完。不要用微波炉热奶，以免局部过热的奶水烫伤婴儿口腔。

(2)已开封奶粉的储藏：当奶粉罐被打开后，应储存在阴凉、干燥的地方。

罐装奶粉，每次开罐使用后务必盖紧塑料盖。如果每次取完奶粉把铁罐盖好，把罐倒扣，奶粉会把盖口封住，能保存很长时间。

袋装奶粉每次使用后要扎紧袋口，常温保存。为便于保存和取用，袋装奶粉开封后，最好存放于洁净的奶粉罐内，奶粉罐使用前用清洁、干燥的棉巾擦拭，勿用水洗，以免生锈。如果使用玻璃容器盛装，最好是有色玻璃，切忌透明瓶子，因为奶粉要避光保存，光线会破坏奶粉中的维生素等营养成分。

当打开了婴儿奶粉罐，应在1个月内食完。如果打开1个月后仍有奶粉剩余的话，请把它扔掉。

罐装的奶粉可以放进几块方糖，因为方糖具有吸收湿气的效果，并且记得每次用完后要将罐子密封，这样奶粉不易受潮。

(3)不要在冰箱保存：冰箱是密闭低温潮湿的小环境，而奶粉是极容易吸潮的。奶粉在冰箱中长期保存时，极容易受潮、结块、变质，从而影响饮用效果。为此，建议在开袋后最好用细绳把口扎紧，放置在室内通风、干燥、阳光照射不到的地方保存。只有液体奶粉或预混合的液体奶粉才可以储存在冰箱里。

6. 如何给婴儿喂配方奶

用奶瓶给宝宝喂奶需要掌握的正确方法：

在用奶瓶给宝宝喂奶之前，须先洗净双手，取出消毒好的奶瓶、奶嘴，注意奶嘴不要随意放置，应竖直向上，一定不要弄脏奶嘴。将调好的奶倒入奶瓶，拧紧瓶盖。将奶瓶倾斜，滴几滴奶液在手背上，试试温度，感觉不烫即可。奶液滴落的速度以不急不慢为宜。

选择舒适坐姿坐稳，一只手把宝宝抱在怀中，让宝宝上身靠在你肘弯里，你的手臂托住宝宝的臀部，宝宝整个身体约呈 45°倾斜；另一只手拿奶瓶，用奶嘴轻触宝宝口唇，宝宝即会张嘴含住，开始吮吸。

出生 1 周至 15 天的婴儿一般每次喝牛奶 70～100 毫升，以在 10～20 分钟内吃完较为合适。但也有 1 周左右的婴儿吃一点儿就不吃了的，就是动一下奶嘴或者往婴儿嘴里再塞塞奶嘴也不会继续吃；也有的在休息二三分钟后又开始吃了。不过，每次的授乳时间以不超过 30 分钟为宜。

即使对不爱吃的婴儿，也不要把奶嘴上的孔弄得很大硬灌。如果不吃就停下，等下次婴儿饿了哭着要吃时再喂。在吃奶后不足 30 分钟里婴儿啼哭时，可以把上次吃剩的牛奶拿来喂婴儿，如果超过 30 分钟就不要用了。

出生后 10 天左右的婴儿每次的吃奶量不尽相同。但对每次都吃不到 50 毫升的，应去请教医生。

出生后 15 天左右的婴儿一般每隔 3 小时吃 1 次奶，每

天吃 7 次，每次吃 100 毫升左右；也有的婴儿每次吃 120 毫升，1 天吃 6 次。也有食量小的婴儿每次勉强吃 70 毫升，而每天吃 6 次食量大的婴儿也有 1 次吃 120 毫升还不够的。15 天左右的婴儿最好不要超过此量。当婴儿啼哭时最好喂些加了白糖的温开水。

宝宝开始吃奶后要注意，奶瓶的倾斜角度要适当，让奶液充满整个奶嘴，避免宝宝吸入过多空气。如果奶嘴被宝宝吸瘪，可以慢慢将奶嘴抽出来，让空气进入奶瓶，奶嘴即可恢复原样，否则可以把奶水罩拧开，放进空气再盖紧即可。

注意宝宝吮吸的情况，如果吞咽过慢，可能是奶嘴孔过小，宝宝吸奶很费力。不要把尚不会坐的宝宝放在床上让他独自躺着用奶瓶吃奶而大人长时间离开，这样非常危险，宝宝可能会呛奶，甚至引起窒息。

给宝宝喂完奶后，不能马上让宝宝躺下，应该先把宝宝竖直抱起，靠在肩头，轻拍宝宝后背，让他打个嗝，排出胃里的空气，以避免宝宝吐奶。

7. 为什么人工喂养的新生儿要注意喂水

为什么人工喂养儿要注意喂水？因为牛奶中的蛋白质 80％以上都是酪蛋白，分子量大，不易消化，牛奶中的乳糖含量较人奶为少，这些都是容易导致便秘的原因，给孩子补充水分有利于缓解便秘。另外，牛奶中含钙、磷等矿物盐较多，大约是人奶的 2 倍，过多的矿物盐和蛋白质的代谢产物从肾脏排出体外需要水。

此外，婴儿期是身体生长最迅速的时期，组织细胞生长时要蓄积水分。婴儿期也是体内新陈代谢旺盛阶段，排除废物较多，而肾脏的浓缩能力差，所以尿量和排泄次数都多，需要的水分也多。每天给孩子喂多少水、何时喂，是一些家长所关心的问题。这要根据孩子的年龄、气候及饮食等情况而定。一般情况下，每次可给孩子喂水100～150毫升，在发热、呕吐及腹泻的情况下需要量多些。孩子之间存在个体差异，喝水量多少每个孩子都不一样，他们知道自己喝多少，不喜欢喝水或喝得少都不要强迫。喂水时间在两次喂奶之间较合适，否则影响奶量。喂水次数也要根据孩子的需要来决定，一次或数次不等。夜间最好不要喂水，以免影响孩子的睡眠。孩子喝白开水为宜，也可喝煮菜水，煮果水，不要加糖。亦可喂些鲜果汁，不要以饮料代替水，饮料中含糖量较多，有些还含有色素和防腐剂，对孩子健康不利。

8. 喂奶粉的婴儿为什么会粪便干燥

从新生儿健康的角度来说，我们提倡母乳喂养，因为母乳既能提供给新生儿充足的营养，又符合新生儿的生理特征，从而使其易于消化吸收，并能增强免疫力。但是，在母亲没有奶水或奶水不足，或患有某些疾病不能母乳喂养的情况下需要进行人工喂养，也就是所说的采用婴儿配方奶粉或牛奶喂养。

由人工喂养的新生儿粪便呈淡黄色或土灰色，均匀硬膏状，常混有奶瓣及蛋白凝块，较母乳喂养儿的粪便干稠，略有

臭味，每日1～2次。而且牛奶中的钙、磷比例不如母乳合适，所以人工喂养的婴儿比母乳喂养的婴儿发生便秘的机会多。但有些婴儿习惯于间歇2～3天排一次粪便，只要粪便不坚硬，没有不适表现，就不算便秘，不必做任何处理。对人工喂养的新生儿及小婴儿在两次喂奶间期应给予饮水，每次20～30毫升，以改变肠腔渗透性而起通便作用。大一些的婴儿每天早上空腹时也可饮少量淡盐水或蜂蜜水，可在蒸蛋、面条及汤里加些有润肠作用的香油。同时，适当地给婴儿增加运动量，可促使肠蠕动，帮助排便。如果便秘严重，可用泡软的细肥皂条或小儿型开塞露，以解燃眉之急，但不可常用，以免形成习惯。

9. 婴儿如何补钙

钙是人体的“建筑材料”，就像盖房子需要钢筋水泥、砖块泥瓦一样，宝宝的生长发育过程也离不开钙。因为人体的骨骼和牙齿的主要成分就是钙(大约99%的钙存在于骨骼中)，如果婴儿体内缺钙，就会导致骨骼发育迟缓，牙齿萌出较晚，严重者还会出现方颅、鸡胸、驼背、小腿弯曲畸形(“O”形腿、“X”形腿)等症状。另外，钙与钠、钾共同协调神经肌肉的活动，如果血中钙含量低于7.5毫克/100毫升就会产生手足抽搐症。由此可见，钙在婴儿发育过程中是非常重要的。

在气温不高的条件下，婴儿睡着以后枕部出汗，并伴有夜间啼哭、惊叫，哭后出汗更明显，醒后哭闹难入睡，还可看到部分孩子枕后头发稀少，这是婴儿缺钙警报。宝宝精神烦躁，对周围环境不感兴趣，有时家长发现小儿不如以往活泼，这就可以明显地确定该宝宝缺钙了。

虽然宝宝成长发育中钙的需求是关键所在，但是补钙亦不可盲目，应该根据婴儿的身体发育情况而适当地补充，婴儿补钙应循序渐进，科学补钙成就健康宝宝。

(1)婴幼儿每天需要的钙量：2000 年出版的《中国居民膳食营养素参考摄入量》中所提供的数值如下。

年龄组(岁)	钙摄入量(毫克/日)
0～0.5 岁	300 毫克/日
0.5～1 岁	400 毫克/日
1～4 岁	600 毫克/日
4～7 岁	800 毫克/日

(2)宝宝缺钙的可能症状：以下是宝宝缺钙的可能症状，但各位家长要注意，有这些症状也不等于宝宝缺钙。

①夜间盗汗。尤其是入睡后头部大量出汗，哭后出汗更明显。

②睡觉不实。夜惊、夜啼，即夜间经常突然惊醒，啼哭不止。

③性情异常。脾气怪，爱哭闹，坐立不安，不易照看。

④枕秃圈。后脑勺处的头发被磨光，形成枕秃。

⑤出牙晚、出牙不齐。有的小儿 1 岁半时仍未出牙，或牙齿发育不良，牙齿排列参差不齐，咬殆不正，牙齿松动，过早脱落。

⑥生长迟缓，学步晚，骨关节畸形。缺钙的小儿多数 1

岁左右学迈腿走路。缺钙的孩子由于骨质软，有的表现为“X”形腿，有的表现为“O”形腿，肌肉松软无力，腿骨疼痛。

⑦前囟门闭合延迟。常在1岁半后仍不闭合，形成方颅。

⑧常有串珠肋，肋软骨增生。表现为各个肋骨的软骨增生连起似串珠样，常压迫肺脏，造成小儿通气不畅，容易患气管炎、肺炎。

⑨肌肉、肌腱松弛。小儿缺钙严重时，如果腹壁、肠壁肌肉松弛，可引起肠腔内积气而形成腹部膨大如蛙腹状。如果是脊柱的肌腱松弛，可出现驼背、鸡胸、胸骨疼痛。

⑩其他。小儿缺钙还时常出现食欲不振、精神状态不好、抽搐、对周围环境不感兴趣、智力低下、免疫功能下降等。

(3)宝宝缺钙的诊断：缺钙给宝宝发育带来的危害大家已经十分清楚，缺钙主要是由于体内维生素D不足，促使体内钙、磷代谢紊乱所产生的一种以骨骼病变为主的全身性营养性疾病。宝宝缺钙的主要表现是骨骼发育障碍和神经、精神反应异常，长期缺钙对智力发育也有一定影响。

对于有一定临床经验的儿科医生来说，诊断一个小儿是否缺钙并不是一件很复杂的事，只要按照规范的诊断程序来做就可以迅速得出结论。目前，对小儿缺钙的诊断比较混乱，我们经常听说，儿童家长凭自己的经验给小儿做诊断，家长一看小儿有枕秃、出汗多、出牙晚，就认为小儿缺钙。有些医生工作不够负责或缺乏临床经验，有时仅凭化验结果就草率的诊断小儿缺钙，为此在家长中造成一种恐慌和误导，引起社会上掀起给儿童盲目补钙的热潮。然而，盲目补钙严重

地影响到我国科学养育计划的落实，不但有可能给小儿健康带来危害，而且会造成社会资源的巨大浪费。

第一，应该先了解小儿的喂养情况，比如小儿的哺喂方式如何？是母乳喂养还是人工喂养？孩子每天的奶量是否充足？孩子何时开始添加辅食？辅食添加是否合理？小儿的食物中是否含有丰富的钙营养？小儿消化吸收功能是否正常等。另外，还要了解小儿的一般健康状况，小儿是否经常患病，孩子是否经常做户外活动等。医生要通过对家长的询问来确定小儿是否存在缺钙的可能。

第二，医生要给小儿做全面的体格检查，通过检查进一步确定小儿是否存在缺钙的临床表现。小儿长期缺钙可导致骨骼发育异常，但由于人在器官发育上存在一定差异，所以发现小儿骨骼发育有轻微异常也不能轻易下结论，应该经过对各种信息的综合分析或观察再做诊断，而不能一看到小儿头囟门大一点，或肋骨稍有一点上翘就诊断为小儿缺钙。

第三，医生应根据临床诊断需要给小儿做化验检查，化验检查是帮助儿科大夫诊断小儿缺钙的主要信息资料之一，诊断时可以用来参考，但却不能作为唯一的诊断依据。

按照正常的诊断程序诊断小儿是否缺钙，得出的结论才是科学的，才能符合孩子的实际情况，并对指导家长科学育儿起到促进作用，否则将给小儿健康、家庭、社会带来危害。家长怀疑小儿缺钙，应该找专业的儿科医生做科学的诊断，不要道听途说或者自己随便给孩子下缺钙的结论，更不能长时间、大剂量盲目补钙。

(4)给宝宝补钙的注意事项:不要以为宝宝吃了补钙剂或者补钙餐就算补钙成功,想要给宝宝高效补钙,妈妈还要注意以下几点:

①不要让钙遇见草酸。菠菜、雪里蕻、苋菜、蕹菜、竹笋、洋葱、茭白、毛豆等都含有大量草酸,草酸容易与钙元素结合而影响吸收。所以,补钙期间最好把蔬菜放到沸水中烫一下,或是在饭前2小时或饭后3～4个小时再服用钙制品。

②钙剂不要与主餐混吃。即使没有太多草酸,如果在吃饭时服用钙制品,也会影响钙的吸收,混在食物中的钙只能吸收约20%。只要胃里面塞满太多东西,效果就不太好。补钙要与早、中、晚餐间隔半小时以上,也不要跟奶混在一起。

③过量补钙反而长不高。补钙也要适量,不是越多越好。婴幼儿每天摄入的钙量约为400毫克,如果摄入的钙量大大超过以上标准可能会便秘,甚至干扰其他微量元素如锌、铁、镁等的吸收和利用,还可能导致肾、心血管等器官组织发生钙沉积,如产生肾结石的潜在危险等。

④维生素D和婴儿钙片分开吃。真正缺钙的孩子很少,很多孩子真正缺的应该是维生素D。维生素D的作用是让钙在肠道充分吸收,同时保证体内的钙不会从尿里流失。婴幼儿每天摄入维生素D的量应达到400单位。如果维生素D量不够,就会表现为“缺钙”;量太多了,又会发生维生素D中毒,引起各器官和血管钙化等表现。所以,婴儿应该吃不含维生素D的钙片,同时补充鱼肝油等维生素AD

制剂，因市售的这些制剂已有固定的每日建议用量。含维生素D的钙片内含的维生素D量较少，也需再补充鱼肝油等维生素AD制剂，但这会使每天补维生素AD制剂的量要重新调整，使简单的事反而复杂化。

⑤钙、磷比例均衡减少钙流失。正常情况下，宝宝体内的钙、磷两种矿物元素的比例是2∶1，换句话说，钙是磷的2倍，如果宝宝的食谱恰恰是这个比例，那么钙的吸收利用率高。但是，由于爸妈大多迁就宝宝的口味，过多地摄入碳酸饮料、可乐、咖啡、汉堡包、比萨饼、小麦胚芽、炸薯条等食物，而这些食物都是磷的“富矿”，致使大量磷涌入体内，使钙与磷的比例高达1∶10以上，磷一旦多了，会把体内的钙“赶”出体外，导致缺钙。

⑥补钙要补镁。钙与镁如同一对好搭档，当两者的比例为2∶1时，最利于钙的吸收与利用。遗憾的是家长往往注重补钙，却忘了补镁，导致体内镁元素不足，进而影响钙的吸收。镁在以下食物中较多，如坚果（杏仁、腰果和花生），黄豆、瓜子（向日葵子、南瓜子），谷物（特别是黑麦、小米和大麦），海产品（金枪鱼、鲭鱼、小虾、龙虾）等。

⑦钙、锌不同补。钙与锌如果混合一起服用，虽然锌不会干扰钙的吸收，但钙能降低锌的吸收，故两者同用实际上只起到补钙的作用，锌的功能因遭受抑制而无法发挥出来。奥妙在于两者会互争受体，造成了受体配比不合理，因而一种吸收多而另一种吸收少。

正确做法是将两种矿物元素分开服用，比如早晚服用钙

剂，中午则服用锌制剂，两者间隔至少3小时以上。

10. 补钙的误区是什么

误区一：“是药三分毒”，给孩子选择保健品补钙更安全。

专家：保健品没标不良反应≠无不良反应。

市场上的儿童补钙产品众多，既有维生素也有矿物质类；既有药品也有保健品，选择药物补钙还是保健品补钙，这是不少父母的疑问。

药品的生产需要经过国家药监局批准，上市之前必须通过药理学、毒理学和临床试验才能投放市场。作为具有治疗和预防作用的药品，它一定要标明适应证，明确治疗的作用及不良反应。如此高标准的生产要求，补钙药品值得信赖。建议选择针对儿童相应年龄段的钙剂，遵医嘱比较安全。

相对于药品而言，保健品只能起到保健、辅助治疗的作用，并不是真正意义上的治疗。同时，保健品一般没有标明不良反应的症状，但并不代表完全没有不良反应。

误区二：液体钙更利于孩子吸收。

专家：钙剂溶解度高≠吸收快。

值得注意的是，钙的吸收率因人而异。如果是碳酸钙类，它的吸收先经过胃酸的作用再被肠道吸收。如果孩子胃肠功能良好，胃酸分泌、胃蠕动正常则钙剂吸收速度快。

液体钙剂溶解度好并不代表吸收快，主要看钙剂里维生素D的含量。市面上的液态钙软胶囊主要由碳酸钙、维生素D、明胶、纯净水、甘油组成。其中，对钙吸收有积极作用的主要是维生素D，它能促进小肠黏膜吸收钙和肾小管对钙的重吸收。不同形态的钙，最终均以钙离子的形式被肠道吸收，钙剂溶解度高并不代表吸收快。

误区三：孩子补钙就会引起便秘，这是通病，无法避免。

专家：补钙安排在两餐之间最合理。

碳酸钙类钙剂经过胃酸作用时，生成氯化钙后到达肠道。其中，15％被肠道吸收，85％与食物中的草酸、植物酸、脂肪酸等结合成不溶性钙化合物，如碳酸钙、磷酸钙等，堆积多了就容易形成便秘。

柠檬酸钙水溶性较好，柠檬酸钙离子能够将人体难以吸收的草酸钙、磷酸钙中的钙离子分离出来，形成水溶性较好的柠檬酸钙排出体外，可有效防止便秘。

给孩子补钙的同时可以给孩子多喝水。补钙的时间最好安排在两餐之间，此时食物对它的影响较小。让孩子做适当的运动，增加胃肠蠕动也能有效减少便秘。

误区四：给孩子补钙同时多进食蔬菜，有助于钙质吸收。

专家：大量摄入纤维素会抑制钙吸收。

孩子的饮食的确需要均衡，但需要注意的是，钙与纤维素容易结合成不易吸收的化合物。过多进食富含纤维素的食物会抑制钙的吸收。

另外，牛奶、鸡蛋含有丰富的蛋白质、钙质，两者都是补钙妙品。但是，如果两者同时进食也会妨碍钙的吸收，长期食用还会诱发乳碱综合征。

11. 如何保证新生儿有足够的钙

每位父母都希望未来的宝宝能够健康成长，但有很多年轻的夫妇在健康育儿方面的知识不多。这里我们就来谈谈如何保证新生宝宝有充足的钙营养。

(1)补钙从父母开始：为了给新生儿一个好身体，在胎儿期就要注意及早补钙。

精卵结合受孕至胎儿分娩称胎儿期，约10个月。人类的生命就始于受精卵细胞。钙参与了精子与卵子结合的过程。钙作为第二信使所产生的钙震荡对精子起到激活作用，使卵子获得受精能力。在精子的周围，与其他细胞一样有1万倍高浓度的钙，正是因为此种高浓度差的存在，细胞受孕过程也正是由负载0.01%钙的精子进入卵子的过程。

如果没有精确的比例，卵子也不能接受精子。如果夫妻任何一方缺钙，精子、卵子都会变得迟钝，不容易受孕，即使受孕也不能生出健康优秀的宝宝。

(2)孕妇补钙：胎儿从几毫米的小胚胎发育成一个身高50厘米，体重3千克以上的新生儿，必须从母体吸收大量的营养元素，尤其是钙营养。

为了保证胎儿身高、体重的增长，必须保证脊柱、四肢及头颅骨的正常骨化。在这个发育过程中，由于母体肠道向胎儿骨骼的钙运转，在妊娠期的最后3个月沉积在胎儿骨骼上的钙约为30克，占骨钙总量的80%。当孕妇吸收的钙不足时，便会通过骨骼脱钙来满足胎儿对钙的需要。

母亲向胎儿输送的钙离子，妊娠中期为每日150毫克，妊娠晚期为每日450毫克（相当于胎儿每千克体重100～150毫克/日）。即使母亲钙营养缺乏，胎盘仍能主动地向胎儿输送钙，以保证胎儿生长发育的需要。

(3)新生儿补钙：新生儿出生时体重在3千克以上，骨钙的含量为25～30克，身长约50厘米。体重每天以18～30克的速度增加，身高在28天内约增长至55厘米。

为适应如此快的增长速度，合理营养，特别是钙营养的补充就成为了当务之急。母乳是最理想的营养品。虽然母奶中的钙含量比牛乳中的钙含量少，但母乳中的钙、磷比例(2∶1)最适宜，钙极易被吸收。

在母乳不足的情况下，母亲虽经服用催乳药及相关措施，但仍少乳或无乳时，新生儿应服用牛奶及代乳品。牛奶的磷为人奶的6倍，钙为人奶的4倍，牛奶的钾和钠也都高于人奶。牛奶中的钙大多数与柠檬酸结合或形成磷酸钙胶体，不易被吸收。所以，在人工喂养时仍须注意补钙。

新生儿早期低钙发生在出生后8～10天内，主要原因是甲状旁腺功能不全，肾功能未发育成熟，进食不足或钙、磷比例不合适及维生素D缺乏等。所以，为了孩子的健康，新生儿特别是早产儿要注意及时补钙，以防止低钙血症及低钙惊厥。

12. 各年龄段宝宝如何补钙

婴幼儿在不同的年龄段钙的需要量不同，补充方法也不

完全一样。

(1)1～4 个月宝宝补钙：①建议宝宝摄入钙的量为每日 300 毫克。哺乳期的妈妈每日通过乳汁向宝宝提供的钙为每日 250 毫克，因此母乳喂养的新生儿不需额外补钙，人工喂养的宝宝除补充维生素 D 外，可以适当选择 L-左旋乳酸钙，其次是乳酸钙，冲剂类补钙产品更适宜宝宝吸收。②辅助补钙。宝宝持续每天摄入维生素 D 400 国际单位有助于人体对钙的吸收。宝宝可以在室外晒太阳，注意控制时间和给宝宝喝水，避开阳光直射宝宝眼睛，晒前最好不要洗澡(早产儿、双胞胎出生 1～2 周即要补充维生素 D)。③建议产妇摄入钙的量为每日 1 600 毫克。

(2)5～8 个月宝宝补钙：①建议宝宝摄入钙的量为每日 300～400 毫克。宝宝缺钙有可能显示为颅骨软化，按压头颅好似按压乒乓球，并且有头发稀疏，烦躁，动作和智力发育比同龄宝宝慢等症状。7 个月大的宝宝开始萌出乳牙，缺钙会表现为牙齿发育缓慢，容易烦躁，不活泼。②辅助补钙。宝宝持续每天摄入维生素 D 400 单位；可以在室外晒太阳，注意避开阳光直射宝宝。另外，此阶段宝宝也可尝试添加辅食，如蛋黄、豆腐、猪肝、玉米糊等，都是含钙非常高的食物，而宝宝萌出乳牙以后可适当添加肉末。③建议产妇摄入钙的量为每日 1 600 毫克。可选择安全性好、含钙量高、吸收率高的钙制剂(如碳酸钙)。④辅助妈妈补钙。适当补充维生素 D 制剂，多去户外晒太阳。

(3)9 个月至 1 岁宝宝补钙：①建议宝宝摄入钙的量为

每日 500～600 毫克。此阶段属于宝宝发育的高速时期，也是对钙需求相对较高的时期。如缺钙的话，智力发育和身体发育都可能表现比同龄宝宝慢，宝宝学走路的时候可能会形成 X 形腿或 O 形腿。②辅助宝宝补钙。宝宝持续每天摄入维生素 D 400 单位；白天多带宝宝在户外玩，晒太阳时注意补水，避开午后的太阳。宝宝饮食品种逐渐增多，父母可以变换花样给孩子做辅食。牛奶、奶酪是补钙的佳品。父母也需了解一些营养常识，如海带可能会妨碍吸收食物中的钙，但又能防止体内钙的流失。③补钙产品。宝宝开始进入断奶期，需选择易吸收的钙剂和咀嚼片（如 L-乳酸钙）。宝宝生长快，这时候可能会补铁，同时服用补钙产品，不影响对钙的吸收。

(4)1～3 岁宝宝补钙：①建议宝宝摄入钙的量为每日 600 毫克。②建议 2 岁前宝宝坚持服用维生素 D，2 岁半后户外活动增加，饮食种类逐渐多样化，这时就不需要补充 VD 和钙剂了。③保证孩子每天奶量有 500 毫升，宝宝即可摄入满足生长的钙。如宝宝牛奶摄入量没有这么多，可额外补充宝宝喜欢口味的钙制剂。

(5)4～6 岁宝宝补钙：①建议宝宝每日摄入钙的量为 800 毫克。②宝宝此时饮食丰富，且户外活动多，基本不需要补充维生素 D。③保证宝宝每天摄入 500～600 毫升牛奶和保持饮食均衡不偏食。如果宝宝仍出现缺钙，可适量补充钙制剂如碳酸钙。

四、断 奶

对于婴幼儿的哺乳时间长短应视其需求而定，这里所提到的断奶只是沿用中国家庭的一种传统说法。断奶并非立即断绝母乳喂养，而应遵循婴幼儿的生长发育特点，顺其自然地由以奶品为主转为以辅食为主。

1. 断奶的时机是什么

(1)适合的月龄：很多妈妈认为，母乳喂到6个月后就没有什么营养了，所以选择在宝宝6月龄时进行断奶。虽然6个月的宝宝断奶比较容易，但由于月龄比较小，能添加的食物种类较单调，因此断奶后宝宝可能明显消瘦，并伴有一些疾病产生。为了宝宝的健康，断奶的最佳时段应选在孩子1周岁左右，因为这个阶段的宝宝消化系统的功能逐渐发育完善，牙齿也逐渐萌出，咀嚼功能也增强了，基本能适应奶品以外的食物，辅食提供的热能已能达到其所需全部食物热能的60%以上，再加上婴儿本身对食物已有强烈的进食欲望，因此这时可以开始给婴儿断奶了。

(2)良好的身体状况：断绝母乳喂养必须选择婴儿身体状况良好时进行，以免因停止母乳喂养导致婴儿身体变差、

情绪低落。添加辅食后，婴儿的消化功能需要一个适应的过程，有的婴儿会出现抵抗力暂时下降的情况，因此断奶应考虑婴儿的身体状况。

(3)合适的季节：断奶并非一年四季任何时候都可以进行。比如，夏季婴儿出汗多，消化系统功能较弱，一旦辅食喂养不当就容易导致婴儿腹泻、消化不良；而到了冬天，气候转为寒冷，婴儿容易着凉、感冒，甚至患肺炎。因此，这两个季节都不适合断奶。断奶最好选择春、秋两季进行。

(4)具备使用奶瓶和餐具的技能：由于断奶后仍要继续喂婴儿配方奶，因此必须在婴儿学会使用奶瓶、奶嘴吮吸后才能开始断奶。另外，当孩子大一些时，还要教他学会使用餐具，这样才能逐渐适应吃辅食，也具备了断奶的条件。

2. 断奶方法有哪些

(1)减少对母亲的依恋：断奶前，母亲应该有意识地减少自己与婴儿相处的时间，增加其他家人照料婴儿的时间，让婴儿有一个心理上的适应过程。尤其是刚刚开始断奶的一段时间里，家人要多陪婴儿玩，让婴儿明白其他亲人也一样会照顾他，以减少婴儿对母亲的依恋。

(2)以配方奶为主：减少母乳喂养的同时，应每天鼓励婴儿多吃配方奶。但如果婴儿想吃母乳，母亲也不能拒绝。

(3)循序渐进地进行：立即断绝母乳喂养可能会让婴儿不适，母亲应采取逐渐断奶的方法，从每天 6 次哺乳减少到每天 5 次，等婴儿适应后再逐渐减少，直到完全断掉母乳。

(4)避免夜间哺乳:晚上入睡时,最好改由家人哄婴儿入睡,以免婴儿看到母亲就想吃母乳。另外,有的婴儿仍有夜间吃奶的习惯,这时母亲应避免夜间哺乳,如果担心婴儿夜间饥饿,可以冲调配方奶来喂。

(5)培养良好的行为习惯:在断奶前后,母亲应多给婴儿一些爱抚,但并不意味着必须满足婴儿的无理要求,对于婴儿无理由的哭闹不能轻易迁就,以免使婴儿养成坏习惯。

3. 断奶的注意事项有哪些

(1)断奶是给婴儿断掉母乳,而不是脱离一切乳制品。配方奶粉仍需要一直喝下去,及时过渡到正常饮食。1 岁半以内的婴儿每天应该喝 300～500 毫升的配方奶粉。这是因为配方奶中含有优质的蛋白质,以及人体所需的全部必需氨基酸,而且消化率高达 90%;配方奶中还含有其他各种营养素,尤其是钙的含量较高,如果婴儿每天喝 200 毫升的配方奶,就可以从中获得 250 毫克的钙;配方奶中还含有维生素A、B 族维生素等营养素,能满足婴儿对维生素的需求。因此,即使是断奶期的婴儿,也应坚持吃配方奶粉。

(2)给婴儿准备断奶时,可以让他每日三餐都和大人一起吃,每天给他添加两次配方奶,再配合其他辅食或者水果。还没有彻底脱离母乳的婴儿,可在早起后、午睡前、晚睡前、夜间醒来时喂母乳,尽量不要在三餐前后喂,以免影响婴儿的正常进餐。

(3)适当给婴儿增加菜的种类。断奶期的婴儿可以吃的蔬菜种类很多，除了刺激性较强的蔬菜（如辣椒等），一般的蔬菜基本上都可以做给婴儿吃，只要注意合理的制作方法即可。

4. 如何预防断奶综合征

预防断奶综合征关键在于合理喂养和断奶后注意补充足够的蛋白质。正常发育的孩子1岁左右就该断奶，最好不超过一岁半，一般选择春、秋季，在孩子健康良好时断奶最佳。为了使孩子适应断奶后营养上的需要，可以从出生4个月开始就逐步添加辅食。

如果孩子出现生长停顿，表情淡漠；头发由黑变棕色，由棕色变红色；兴奋性增加，经常容易哭闹，哭声不响亮，细弱无力；常有腹泻等症状。孩子体内脂肪并不减少，看上去营养还好，并不消瘦，但皮肤有水肿，肌肉萎缩，有时还可见到皮肤色素沉着和脱屑，有的孩子因为皮肤干燥而形成特殊的裂纹鳞状皮肤，给孩子做检查时，还发现肝大。这些是由于断奶引起的不良现象，医学上称之为断奶综合征，是由婴幼儿断奶后缺乏正确的喂养，在饮食中缺乏蛋白质的供应，造成婴儿的蛋白质缺乏。此时应积极进行饮食调理，给予孩子每日每千克体重1～1.5克蛋白质，同时多吃些新鲜的绿叶蔬菜和水果泥，补充足够的维生素，这种由于营养缺乏引起的病症就会很快好转和痊愈。

五、辅食的添加

1. 宝宝要添加辅食的信号是什么

当宝宝 4～6 个月大时可以开始添加辅食了，不过最好先咨询一下医生。以下是宝宝准备好接受辅食的信号。

(1)能够控制头部：要接受辅食，宝宝的头部必须能够保持竖直、稳定的姿势。

(2)在有支撑的情况下坐直：即使宝宝还不能坐在婴儿高脚餐椅上，也必须能在有支撑的情况下坐直，这样才能顺利地咽下食物。

(3)停止“吐舌反射”：为了把固体食物留在嘴里并吞咽下去，宝宝需要停止用舌头把食物顶出嘴外的先天反射。

(4)咀嚼动作：宝宝的口腔和舌头是与消化系统同步发育的。要开始吃辅食，宝宝应能把食物顶到口腔后部并吞咽下去。随着宝宝逐渐学会有效地吞咽，会发现宝宝流出来的口水少了。宝宝也可能会在这时开始长牙。

(5)体重明显增加：多数宝宝体重增加到出生时的 2 倍左右(或大约 6.8 千克)，至少 4 个月大的时候，宝宝就已经准备好可以吃辅食了。

(6)食欲增强:宝宝似乎很饿,即使每天吃8~10次母乳或配方奶,看起来仍然很饿。

宝宝对吃的东西可能会感到很好奇。宝宝可能会开始盯着碗里的米饭看,或者看到妈妈把面条从盘子里夹到嘴里的时候会伸手去抓,这说明他也想尝尝了。

2. 添加辅食的原则是什么

(1)从少到多,如蛋黄从1/4开始,如无不良反应2~3天加到1/3~1/2个,渐渐吃到1个。

(2)由稀到稠,米汤喝10天左右,稀粥喝10天左右。

(3)从细到粗,菜水-菜泥-碎菜。

(4)习惯一种辅食后再加另一种。

(5)在孩子健康,消化功能正常时添加辅食,出现反应时暂停2天,恢复健康后再进行。

3. 如何安排添加辅食的时间

(1)4个月后的婴儿先从晚餐开始,先加辅食后喂奶,按上述原则进行,根据孩子情况,一般1个月后,晚餐可完全由辅食代替。

(2)6~7个月的婴儿晚餐逐渐由辅食代替的同时,从中餐开始逐渐添加辅食;到第九个月,中餐、晚餐均可由普通食物代替母奶和牛奶,早餐也可增加辅食,孩子可由5次喂奶改为3次喂奶,早晨5~6时1次,中午1~2时1次,晚上9~

10时1次即可。

(3)1周岁的婴儿可基本过渡到以粮食、豆类、肉蛋、蔬菜、水果为主的混合饮食。

4. 添加辅食的方法是什么

(1)在愉快的气氛中进餐:进餐前保持愉快的情绪,不能训斥、打骂孩子,并先做好准备,如给孩子洗手、围餐巾,使之形成良好的条件反射。

(2)从一勺开始:每添加一种新食物都从小量开始,用小勺挑一点儿食物,轻轻放入宝宝嘴里,待宝宝吞咽后再取出小勺。

(3)观察反应:每次添加辅食时,要观察孩子的粪便,有无腹泻或未消化的食物,如孩子加辅食后腹泻或有食物原样排出,应暂停加辅食,过一两天后,孩子状况较好又可进行,孩子不吃不要强迫,下次再喂。不吃某种食物并不等于以后不吃,应多试几次。尽可能使食物多样化。

5. 添加辅食的顺序是什么

(1)种类:应按"淀粉(谷物)-蔬菜-水果-动物"的顺序来添加。首先应添加谷类食物并可以适当地加入含铁的营养素(如婴儿含铁营养素米粉),其次添加蔬菜汁/泥,然后就是水果汁/泥,最后开始添加动物性的食物(如蛋羹、鱼、禽、畜肉泥或肉松等)。

建议动物性的食物添加顺序为：蛋羹、鱼泥（剔净骨和刺）、肉末，注意不要用蛋羹代替含铁的婴儿米粉给婴儿补充铁元素，同时也不要在宝宝未满 6 个月的时候添加含肉的辅食。

(2)数量：应按由少到多的顺序，一开始只是给宝宝试吃与品尝，或者说在喂奶之后试吃一点，在宝宝适应后逐渐增加。

(3)质地：按如下顺序添加——先液体（如米糊、菜水、果汁等），再泥糊（如浓米糊、菜泥、肉泥、鱼泥、蛋黄等），再固体（如软饭、烂面条、小馒头片等）。

(4)时间：建议从 4 月龄开始添加流食（如奶粉、米糊、菜泥等）。从 6 月龄开始添加半固体的食物（如果泥、蛋黄泥、鱼泥等）。7～9 月龄时可以由半固体的食物逐渐过渡到可咀嚼的软固体食物（面粥、碎菜粥等）。11～12 月龄时，大多数宝宝可以逐渐转化为进食固体食物为主的辅食。

6. 添加辅食时食物过敏应如何应对

婴儿在满 6 个月以前很容易对食物过敏而引起不良反应，在满 6 个月以后有时也会有过敏的可能。如果对某种食物有过敏反应，如气喘、皮肤红肿、屁股红等就应停吃 1 周，然后这样再吃 2～3 次，如果还是一样有过敏反应，则须停吃 6 个月以上。

哺乳的母亲要避免吃可能引起婴儿过敏的食物，如鱼、虾、牛奶等。一旦发生过敏应立即停用该种食物，待症状消

失后再从原量或更小量开始试喂。

7. 添加辅食过晚的弊端是什么

随着婴儿一天天地长大，仅靠母乳和奶粉喂养已经不能完全满足其营养需求，如果不及时给婴儿添加辅食，不仅会导致婴儿营养不良，甚至还会使婴儿在长大后容易患各种疾病。因此，一定要适时给婴儿添加辅食，让婴儿健康成长。

(1)造成营养缺乏

①缺乏热能。食物是人体所需热能的来源，对于活动量不断增加的婴儿来说需要的热能也越来越多，而仅靠母乳供给热能已不能满足婴儿的需要，必须从辅食中得到补充。碳水化合物是热能的主要来源，它进入婴儿的消化系统后，在消化酶的作用下会转化成葡萄糖被吸收利用，当葡萄糖不足时，会影响婴儿的大脑发育。

②缺乏蛋白质。婴儿的身体需要大量的蛋白质：骨骼和牙齿需要胶原蛋白，指(趾)甲需要角蛋白，全身的细胞和细胞中的膜结构都需要蛋白质来建造。蛋白质不足会严重影响婴儿的身体发育，使婴儿出现发育迟缓、体重和身高不达标、贫血、免疫力低下等症状。

③缺乏维生素。婴儿常见的维生素缺乏症有以下几种：

缺乏维生素 A：出现皮肤角化、视力障碍、角膜软化、免疫力低下等症。

缺乏 B 族维生素：容易发生口角溃烂、脂溢性皮炎、惊厥等症。

缺乏维生素C:容易出现皮肤黏膜出血症。

缺乏维生素D:出现多汗、夜惊,以及方颅、囟门闭合延迟、出牙晚等现象。

④缺乏矿物质。钙、铁、锌、碘等矿物质对婴儿骨骼和牙齿的生长、神经肌肉活动、激素分泌等都有很大的影响,如果不能及时添加辅食,将可能导致婴儿出现以下症状。

缺钙:骨骼、牙齿钙化不良,发生肌肉抽搐。

缺铁:贫血,智力发育缓慢。

缺锌:经常食欲低下,生长缓慢。

缺碘:甲状腺素合成分泌不足,生长发育落后、智力低下。

(2)影响咀嚼能力:婴儿的消化腺已日益成熟,消化酶的分泌越来越适合婴儿吃固体食物。及时为婴儿添加辅食,对咀嚼咬殆等功能的训练具有重大意义,关系到口腔的感觉功能和上、下颚的发育。

婴儿6~9个月是培养其咀嚼能力的黄金时期,母亲一定要在这个时期及时为婴儿提供合理的辅食。一旦错过这个时期,婴儿的咀嚼功能不能得到及时有效的锻炼,很容易使他们养成不经咀嚼就吞咽的不良进食习惯,出现消化不良等症状。

(3)导致偏食:婴儿接触辅食的过程,也是慢慢开始对食物形态、质地、味道的认知过程。母亲不只要注意婴儿辅食的营养,还要培养婴儿对食物的口感、质地、味道的好感,让婴儿乐于接受各种食物,防止以后出现偏食现象。

如果辅食添加过晚,等于剥夺了婴儿的学习机会,在应

该添加辅食的时间里，婴儿却没有体验过某些食物的味道和质感，等他长大了也不愿接受这些食物，从而养成偏食的毛病，对婴儿的成长产生不良影响。

(4)影响心理发育：随着消化功能的逐渐成熟，婴儿已能适应半流质或半固体食物。如果辅食添加过晚，必定会造成婴儿断奶延迟，如果婴儿断奶太晚，很容易使婴儿产生恋乳、恋母心理，这对婴儿的健康成长十分不利。

婴儿一旦产生恋乳心理，那么接受辅食对他来说就更加困难，最终导致婴儿出现消瘦、营养不良、体质差等症状。

恋母心理强的婴儿往往不能具备优良的性格，长大后容易出现胆小、孤僻、害羞、独立意识差、依赖性强等性格弱点。这样的婴儿不爱与同龄的小朋友玩，表现为不合群。这种心理会伴随婴儿很长时间，不利于婴儿的心理发育。

8. 宝宝的辅食中可以加盐和调味品吗

很多妈妈在给 8～9 个月的婴儿做辅食的时候，总觉得做烂面条一点盐不加能好吃吗？于是习惯地给加点盐、加点儿童酱油、香油等作料，觉得这样能把食物做得很香，其实这样不好。因为大人已经吃惯了酸咸苦辣，吃原汁原味的觉得没有办法吃了，但是宝宝一开始没有接触过盐类，而且他不需要那么多盐，他所需要的盐或者叫氯化钠，从食物本身就可获取了。

所以，1 岁以内宝宝的食物中不需要加盐和任何调味品，而且可以放心这样做，完全不用担心孩子没有吃盐会不

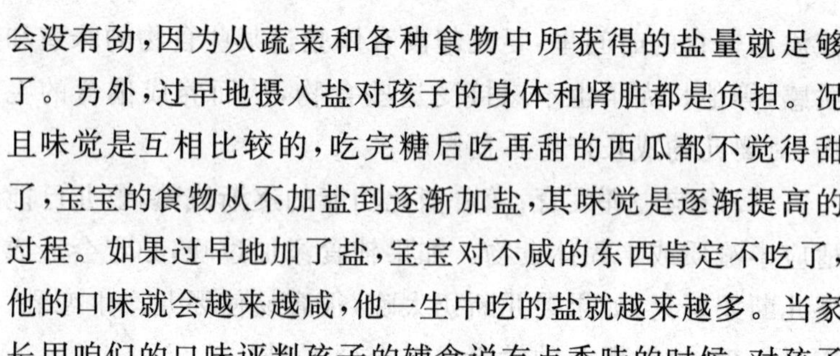

会没有劲，因为从蔬菜和各种食物中所获得的盐量就足够了。另外，过早地摄入盐对孩子的身体和肾脏都是负担。况且味觉是互相比较的，吃完糖后吃再甜的西瓜都不觉得甜了，宝宝的食物从不加盐到逐渐加盐，其味觉是逐渐提高的过程。如果过早地加了盐，宝宝对不咸的东西肯定不吃了，他的口味就会越来越咸，他一生中吃的盐就越来越多。当家长用咱们的口味评判孩子的辅食说有点香味的时候，对孩子来说盐可能已经很多了，所以1岁的孩子不要加盐和调味品。

说到这里还有一点要注意，好多4～5个月的婴儿对大人吃饭表现出了极大的兴趣，因为那个时候他在心理上也想尝一尝食物以外的东西了，大人吃饭的时候他眼巴巴地望着，大人经常会有一种感觉，孩子挺有兴致的，拿筷子蘸点菜汤，那里面盐是最多的，所以孩子一旦小的时候尝这种菜汤，再让他吃瓶装的泥糊状食物，他就觉得一点儿味道都没有，这样就过早地提高了味觉，所以不要过早地加盐或过早地让他尝成人的菜汤。

9. 宝宝添加辅食有哪些禁忌

营养不良是婴幼儿常见的疾病，但绝大部分营养不良是因后天的喂养有问题，尤其是辅食添加不合理所致。给宝宝添加辅食有哪些禁忌呢？

(1)过早：刚离开母体的婴儿消化器官很娇嫩，消化腺不发达，分泌功能差，许多消化酶尚未形成，此时还不具备消化

辅食的功能。如果过早添加辅食，会增加婴儿消化功能的负担，消化不了的辅食不是滞留在腹中“发酵”，造成腹胀、便秘、厌食，就是增加肠蠕动，使排便的量和次数增加，最后导致腹泻。因此，出生4个月以内的婴儿忌过早添加辅食。

(2)过晚：有些父母怕婴幼儿消化不了，对添加辅食过于谨慎。婴幼儿早已过了4个月，还只是吃母乳或牛奶、奶粉。殊不知婴幼儿已长大，对营养、热能的需要增加了，光吃母乳或牛奶、奶粉已不能满足其生长发育的需要，应合理添加辅食了。同时，婴幼儿的消化器官功能已逐渐健全，味觉器官也发育了，已具备添加辅食的条件。另外，此时婴幼儿从母体中获得的免疫力已基本消耗殆尽，而自身的抵抗力正需要通过增加营养来产生，此时若不及时添加辅食，婴幼儿不仅生长发育会受到影响，还会因缺乏抵抗力而导致疾病。因此，对出生4个月以后的婴幼儿要开始适当添加辅食。

(3)过细：有些父母过于谨慎，给婴幼儿吃的自制辅食或市售的婴儿营养食品都很精细，使婴幼儿的咀嚼功能得不到应有的训练，不利于其牙齿的萌出和萌出后牙齿的排列。食物未经咀嚼也不会产生味觉，既勾不起婴幼儿的食欲，也不利于味觉的发育，面颊发育同样受影响。这样，婴幼儿只能吃粥和面条，不会吃饭菜，制作稍有疏忽就会恶心、呕吐，于是干脆不吃或者吃了也要吐渣。长期下去，婴幼儿的生长当然不会理想，还会影响大脑智力的发育。

(4)过滥：婴幼儿虽能添加辅食了，但消化器官毕竟还很柔嫩不能操之过急，应视其消化功能的情况逐渐添加，如果

任意添加同样会造成婴幼儿消化不良或肥胖。让婴幼儿随心所欲,要吃什么给什么,想吃多少给多少,又会造成营养不平衡,并养成偏食、挑食等不良饮食习惯,可见添加辅食过滥同样也是不合适的。

总之,宝宝的辅食添加禁忌家长要懂得,掌握技巧以后就能够正确为宝宝添加了,也为宝宝的健康提供了保证。

10. 成品辅食的选购原则是什么

市场上销售的成品辅食有很多种,但对于不同月龄的婴幼儿成品辅食的选择也应有所区别。在选购成品辅食时,除了要考虑到婴幼儿的月龄和口味喜好外,母亲还应注意以下选购原则。

(1)口味应清淡:婴幼儿辅食应以清淡、天然口味为宜。有些口味或香味很浓的辅食可能添加了调味品或香精,最好不要给婴幼儿食用。天然食品口味比较清淡,但对婴幼儿来说却很可口。如果经常给婴幼儿吃口味重的食物会使其养成不良的饮食习惯,时间久了会影响身体健康。

(2)查看配料表:婴幼儿的体质比较娇嫩,尤其是有些婴幼儿还属于过敏体质,因此在选购成品辅食时就要求母亲注意查看包装上的配料表,是否添加了会致敏的食物,如鸡蛋、乳糖、牛奶蛋白等。

(3)选择原味辅食:添加辅食时让婴儿逐渐从以奶品为主过渡到以食物为主的饮食过程。在这个过程中应尽量让婴幼儿接触并适应各种食物的味道,从而养成不挑食不偏食

的好习惯。因此在选购成品辅食时，一定要选择更多保留了食物原味的辅食。

(4)留意产品包装：相对而言，知名的大品牌更值得信赖一些。因此，母亲在选购时，最好选择相对比较好的品牌。同时，还要注意这款辅食适合的月龄、生产日期、保质期、食用方法、保存条件、产品批号等。

(5)考虑取用时的方便度：大多数成品辅食都是分多次取用的，因此母亲在选购时就要考虑日后取用时的方便度。最好选择有独立小包装的，每份的包装越小越好。这是因为独立包装不仅容易计量，而且更加卫生，不易受潮污染。但如果是大包装，就要保证盛舀的工具洁净、干燥，已经取出的辅食不能再倒回去，一旦操作不慎，就容易引起变质。

11. 自制辅食的要点是什么

市场上虽然有各种各样的成品辅食，食用起来也十分方便，但还是建议母亲自己动手，让婴幼儿尝试各种不同的辅食。母亲在自制辅食时应注意以下几点。

(1)制作工具、容器应专具专用，不能与大人用具混合使用。要保持婴幼儿用具的清洁卫生，在使用这些用具之前应清洗自己的双手，以保证婴幼儿的胃肠健康。

(2)选购蔬菜要谨慎。母亲最好选购优质且有鉴定保证的绿色蔬菜，防止农药、杀虫药对蔬菜的污染。

(3)制作辅食的过程中也要注意，烹饪时间不宜过长。例如，绿色蔬菜，烹制时间过长会导致其所含的维生素丢失。

可以先将菜切碎，以缩短烹制时间。

(4)不要给婴幼儿吃剩下的辅食。母亲最了解自己的孩子，最好争取孩子能吃多少就给他做多少。如果确实做得太多了，那剩下的辅食应放到冰箱里保存。

(5)不要按大人的标准来给婴幼儿制作食物。对于婴幼儿来说，他们的消化吸收功能尚不成熟，各器官的发育也不完善，因此婴幼儿阶段的饮食还是宜清淡，不宜加过多的糖、盐，婴儿期则严禁在辅食中加盐。

12. 添加辅食怎样把握宝宝的口味

(1)多让宝宝尝试口味淡的辅食：给宝宝制作辅食时不宜添加香精、防腐剂和过量的糖、盐，以天然口味为宜。

(2)远离口味过重的市售辅食：口味或香味很浓的市售成品辅食，可能添加了调味品或香精，不宜给宝宝吃。

(3)别让宝宝吃罐装食品：罐装食品含有大量盐与糖，不能用来作为宝宝食品。

(4)避免所有加糖或加人工甘味的食物："糖"是指再制、过度加工过的碳水化合物，不含维生素、矿物质或蛋白质，会导致肥胖，影响宝宝健康。同时，糖会使宝宝的胃口受到影响，妨碍吃其他食物。玉米糖浆、葡萄糖、蔗糖也属于糖，经常被用于加工食物，妈妈们要避免选择标示中有此添加物的食物。

13. 宝宝吃辅食噎住怎么办

宝宝吃新的辅食有时会恶心、哽噎，这样的经历是很常见的，妈妈们不必过于紧张。

(1)只要在哺喂时多加注意就可以避免：例如，应按时、按顺序地添加辅食，从半流质到糊状、半固体、固体，让宝宝有一个适应、学习的过程；一次不要喂食太多；不要喂太硬、不易咀嚼的食物。

(2)给宝宝添加一些特别制作的辅食：为了让宝宝更好地学习咀嚼和吞咽的技巧，还可以制作一些小馒头、磨牙棒、磨牙饼、烤馒头片、烤面包片等，供宝宝练习啃咬、咀嚼的技巧。

(3)不要因噎废食：有的妈妈担心宝宝吃辅食时噎住，于是推迟甚至放弃给宝宝喂固体食物，因噎废食。有的宝宝到两三岁时，妈妈仍然将所有食物都用粉碎机粉碎后才喂，生怕噎住宝宝。这样做的结果是宝宝不会“吃”了，食物稍微粗糙一点就会噎住，甚至把前面吃的东西都吐出来。

(4)抓住宝宝咀嚼、吞咽的敏感期：宝宝的咀嚼、吞咽敏感期从 4 个月左右开始，7～8 个月时为最佳时期。过了这个阶段，宝宝学习咀嚼、吞咽的能力下降，此时再让宝宝开始吃半流质或泥状、糊状食物，宝宝就会不咀嚼地咽下去，或含在口中久久不肯咽下，常常引起恶心、哽噎。

14. 可以给宝宝吃汤泡饭吗

宝宝不愿吃饭的时候，妈妈有时候会习惯性地用“汤泡饭”来吸引宝宝。然而，这一举动对宝宝的健康是不利的。将“汤泡饭”喂给孩子吃容易引发消化不良等四大问题。

(1)易有饱胀感：用汤泡过的饭，其容量会增加，这样孩子吃了以后就很容易感到饱胀，每餐相应的摄入量就会减少。长此下去，孩子一直处在半饥饿状态，会影响到孩子的生长发育。

(2)咀嚼不充分：吃泡饭虽然便于吞咽，但同时会因食物粉碎不充分而减少唾液的分泌。唾液分泌过程可清除和冲洗附着于牙齿及口腔的食物残渣，唾液中还有些溶菌酶，有一定的杀菌、抑菌作用，这些对于预防龋齿和牙周疾病有重要作用。另外，咀嚼运动可以促进牙齿、颌面的正常发育。

(3)食欲减退：吞食泡饭减少了咀嚼动作，也会相应地减少咀嚼的反射作用，引起胃、胰、肝、胆囊等分泌消化液的量减少。而没有经过细致磨碎的食物大颗粒直接进入消化道，需要消化器官分泌更多的消化液，并消耗更多的热能来进行消化。

(4)影响消化：不经咀嚼的饭会增加胃的负担，而过量的汤水又会将胃液冲淡，从而影响食物的消化吸收，时间长了还容易引发胃病。

当然，反对给宝宝吃汤泡饭并不是说宝宝就不能喝汤了，其实鲜美可口的鱼汤、肉汤，可以刺激胃液分泌，增加食欲,要掌握好宝宝每餐喝汤的量和时间,餐前喝少量汤有助于开胃,但千万不要让宝宝无节制地喝汤。

15. 宝宝挑食怎么办

宝宝到了8～9个月的时候,常常爱挑食,今天挑这个吃,明天挑那个吃,这一餐饭这种食品多吃一点儿,那一餐饭另一种食品多吃一点儿。其实,宝宝这时表现出来的挑挑拣拣是无意识的,其中包含着一定的游戏成分。当宝宝表现出不喜欢某种饮食时,有的家长就会一味地迁就,这些家长常常是以满足宝宝的好恶为原则,从而忽略了劝说和引导。当宝宝表现出喜欢吃某种食品时,父母马上就心领神会,迫不及待地专程去采买,只要宝宝能多吃一些,就会感到心安,而忽略了对宝宝饮食习惯的培养。久而久之,家长的行为强化了宝宝的行为,宝宝便养成吃饭挑食的坏习惯。所以,归根结底,宝宝之所以养成挑食的不良习惯,与家长照料失误有直接的关系。

经常挑食的宝宝会造成某种或几种营养素的缺乏,直接影响宝宝的健康和正常的生长发育。所以,一定要帮助宝宝纠正挑食的坏习惯。

让宝宝不挑食要做到以下几点:

(1)避免边进食边做其他事情,创造一个良好的进食环境。

(2)用语言赞美宝宝不愿吃的食物,并带头品尝,要表现出很好吃的样子。

(3)宝宝对吃饭有兴趣后,要经常变换口味,以防宝宝对某种食物厌烦。

(4)适时给宝宝添加蔬菜类辅食。

(5)包子、饺子等有馅食物大多以菜、肉、蛋等做馅，这些食物便于宝宝咀嚼吞咽和消化吸收，且味道鲜美、营养全面，对于不爱吃蔬菜的宝宝不妨给他们吃些带馅食品。

宝宝的食欲也会像大人那样随着情绪而变化，如宝宝不喜欢某种食物的颜色而不愿意吃它，或跟大人闹情绪而影响食欲，这些是正常的现象，家长不用担心。

16. 宝宝不爱吃辅食怎么办

很多宝宝不爱吃辅食，怎么办呢？不着急，辅食添加是有小诀窍的。

(1)示范如何咀嚼食物：有些宝宝因为不习惯咀嚼，会用舌头将食物往外推，你要给宝宝示范如何咀嚼食物并且吞下去。可以放慢速度多试几次，让他(她)有更多的学习机会。

(2)不要喂太多或太快：按宝宝的食量喂食，速度不要太快，喂完食物后，应让宝宝休息一下，不要有剧烈的活动，也不要马上喂奶。

(3)品尝各种新口味：饮食富于变化能刺激宝宝的食欲。在宝宝原本喜欢的食物中加入新材料，分量和种类由少到多。逐渐增加辅食种类，让宝宝养成不挑食的好习惯。宝宝讨厌某种食物，就应在烹调方式上多换花样。宝宝长牙后喜欢咬有嚼感的食物，不妨在这时把水果泥改成水果片。食物也要注意色彩搭配，以激起宝宝的食欲，但口味不宜太浓。

(4)重视宝宝的独立心:6个月之后,宝宝渐渐有了独立心,会想自己动手吃饭,你可以鼓励宝宝自己拿汤匙进食,也可烹制易于手拿的食物,满足宝宝的欲望,让他(她)觉得吃饭是件有“成就感”的事,食欲也会更加旺盛。

(5)准备一套宝宝餐具:大碗盛满食物会使宝宝产生压迫感而影响食欲;尖锐易破餐具也不宜使用,以免发生意外。宝宝餐具有可爱的图案、鲜艳的颜色,可以促进宝宝食欲。

(6)不要逼迫宝宝进食:若宝宝到吃饭时间还不觉得饿的话,不要硬让他(她)吃。常逼迫宝宝进食,会让他(她)产生排斥心理。

(7)不要在宝宝面前评论食物:宝宝会模仿大人的行为,所以妈妈不应在宝宝面前挑食及品评。

17. 如何给宝宝添加蛋黄

三四个月的婴儿应该添加一些含铁丰富,又能被婴儿消化吸收的食品,蛋黄无疑是最适合的食品之一。

(1)什么时候可给婴儿添加蛋黄:人工喂养的婴儿,最好在第三个月的时候开始添加蛋黄(可将1/8个蛋黄加少许牛奶调成糊状,然后将一天的奶量倒入调好的糊中,搅拌均匀,分次给宝宝食用。如婴儿无不良反应,可逐渐增加蛋黄的量,直至加到1个蛋黄为止)。

(2)添加蛋黄时还应注意什么:应当注意的是,鸡蛋煮熟放凉后,要存入冰箱中,每次食用时再温热,以免婴儿食入冰凉的蛋黄而引起肠胃不适。另外,注意不要随意增加蛋黄的食用量。

(3)怎样给宝宝添加蛋黄:将鸡蛋洗净外壳煮熟后捞出放入凉水中,片刻后剥去蛋壳,用洁净小匙弄破蛋白留蛋黄,用小匙将蛋黄切成4份(或8份),取1/4(或1/8)蛋黄用开水或米汤调成糊状,用小匙喂给婴儿,以锻炼婴儿用小匙的进食能力。

婴儿食后如无腹泻等不适,可逐渐增加蛋黄的量,6个月后婴儿就可食用整个蛋黄了。

18. 益生菌真的有那么多好处吗

益生菌的保健功效大家似乎都略有所闻,但爸妈们可知道肠道内益生菌的多寡既反映了身体健康状况,也会影响身体的免疫力;更重要的是,正确服用益生菌,还能降低过敏疾病的发生。

(1)乳酸菌为益生菌代表:益生菌指的是可以促进肠道菌群平衡的物质或微生物,是对健康有益的细菌,而乳酸菌可以说是益生菌中的代表。乳酸菌指的是能够代谢碳水化合物,产生50%以上乳酸的一群细菌,其中比非德菌产生的乳酸虽不到50%,但在习惯上仍将它列入乳酸菌的家族当中。

乳酸菌有很多种类,只有特定的菌种才具有特定的保健功效,而非所有乳酸菌都是好菌。

(2)益生菌对宝宝身体的好处:①对抗肠道坏菌、抑制肠内腐败。②改善便秘,预防下痢或肠炎。③强化免疫防卫系统,改善过敏症状。④排除致癌物质,预防癌症。⑤制造

维生素，促进钙吸收。⑥降低血液中的胆固醇。⑦降低血压。⑧降低感染幽门螺杆菌。

(3)如何给宝宝补充益生菌：补充益生菌对于人体好处多多，由于宝宝在1岁以后才能饮用优酪乳，在1岁之前，若宝宝有过敏体质的概率很高，而爸妈的经济状况也许可，可选择粉剂或胶囊类型的益生菌产品。

宝宝若喝母乳，那么妈妈本身补充益生菌就对宝宝有帮助，也可用少量挤出的母乳或温开水冲泡益生菌菌粉，并以汤匙喂食。喂配方奶的宝宝则可以用少许奶水或是白开水冲泡，但千万不要将菌粉冲泡在整瓶奶水中，否则宝宝一旦没有喝完，就很难计算宝宝所吃的益生菌数量。

19. 可以用水果代替蔬菜吗

每天吃点蔬菜的目的是为了摄入维生素和矿物质，但是在添加辅食的过程中，有的父母看见宝宝不喜欢吃蔬菜而喜欢吃水果，于是就用水果代替蔬菜喂食婴儿，这是极不恰当的。

水果不能代替蔬菜，虽然水果中的维生素量不少，足以代替蔬菜，然而水果中钙、铁、钾等矿物质的含量却很少。此外，蔬菜中含纤维素多，纤维素可以刺激肠蠕动，防止便秘，还可减少肠道对人体内毒素的吸收。再有，蔬菜和水果含的糖分存在明显的区别，蔬菜所含的糖分以多糖为主，进入人体内不会使人体血糖骤增，而水果所含的糖类多数是单糖或双糖，短时间内大量吃水果，对宝宝的健康不利，过多的水果会导致宝宝膳食不平衡，有的宝宝多吃水果还会腹泻或容易发胖。

20. 可以给婴儿吃冷食吗

按我国的喂养习惯，出生1个月至1周岁的婴儿是生长发育的旺盛时期，不论冬季还是夏季，给婴儿的饮食都应加热，不能给婴儿吃冷食，否则会影响婴儿的健康。中医学认为，给婴儿喂冷食会带来如下损伤。

(1)影响脾胃功能：由于3个月以内的婴儿唾液腺分化不全，唾液分泌量较少，各种消化酶含量不足，而冷食又容易使消化液受到抑制而导致消化功能不足及胃肠道疾病。婴儿吃冷食会损伤其脾胃的阳气，引起阴寒盛，阳气虚，从而影响脾胃运化功能，并使气血运行不畅，导致气滞血瘀。这样就会产生消化不良，生长发育缓慢，使婴儿面黄肌瘦、腹痛畏寒，常呕吐清冷酸水和食物，甚至腹泻清稀等。

(2)易感风寒暑湿：经常给婴儿喂冷食，容易使婴儿感受风寒暑湿而发生疾病。例如，经常给婴儿喂冷食，可使胃功能减弱，阳气相对不足，尤其是体质较弱的婴儿更易患感冒、支气管炎、腹泻等，并难以治愈，易转为慢性病，严重影响婴儿的生长发育。经常给婴儿喂冷食，可使原本体弱、适应性差的婴儿，产生暑热遏伏、脾阳不展、寒湿内生、纳呆、泄泻、厌食、低热，甚至发生疳积。由于脾阳不足，消瘦的婴儿常喜冷食，若家长为满足小儿的食欲，经常给予冷食，就导致寒湿凝聚、风寒夹杂，使婴儿易患疾病，尤其会经常患感冒、咳嗽、哮喘、肠炎等，从而使小儿变为体弱多病者。

21. 宝宝长牙期的喂养需注意什么

对于长牙期的宝宝来说，在饮食过渡期，多数家庭喜欢以米糊、米粥、面汤为主。这样长时间食用流质食物，宝宝除了不会吞咽外，他的咀嚼功能会越来越弱，长大后也懒得咀嚼硬东西。其结果是，宝宝的牙齿和口腔内外的肌肉得不到应有的锻炼，颌骨也不能很好地发育。

所以，在长牙期宝宝食物过渡期间，必须保证充足的蛋白质和容易缺乏的营养素的含量，同时配合泥糊状食品如蛋黄、肝泥、肉泥等半固体和固体食物，帮宝宝顺利过渡到成年人食物阶段。

22. 婴儿为什么要少吃味精

一般来说，成年人摄入适量味精是有益的，而婴幼儿则不宜多食入。因为味精的化学成分是谷氨酸钠，大量食入谷氨酸钠会使血液中的锌变成谷氨酸锌，并从尿中排出，造成急性锌缺乏。

锌是人体内必需的微量元素，宝宝缺锌会引起生长发育不良、弱智、性晚熟，同时还会出现味觉紊乱，食欲不振。因此，宝宝使用菜肴不宜多放味精，尤其是偏食、厌食、胃口不好的宝宝更应注意。

23. 宝宝可以长期大量服用维生素 D 吗

维生素 D 是用于预防和治疗佝偻病及低血钙的有效药物，常用的维生素 D 制剂有鱼肝油（维生素 AD）、维生素 D_2、维生素 D_3、维丁胶性钙等。有的家长误将维生素 D 认作营养药，大量、长时间地给孩子服用，造成小儿维生素 D 中毒。有的孩子患佝偻病，家长治病心切，在长期口服维生素 D 的基础上，又增加注射维生素 D，更易造成中毒。

一旦发生维生素 D 中毒，孩子会出现发热、厌食、消瘦、多饮、多尿及贫血等症状，长期慢性中毒还会使脏器及软组织钙化，影响孩子体格和智力发育或留有后遗症。

所以，给孩子服用维生素 D 制剂一定要遵照医嘱，不可随便增加药量，以防中毒。

24. 可以经常给宝宝喂罐头食品吗

罐头食品和密封的肉类食品在加工时都要加入一定的防腐剂、色素等添加剂。由于宝宝身体各组织对化学物质的反应及解毒功能都比较低，食入了上述成分会加重脏器的解毒排泄负担，甚至会因为某些化学物质的蓄积而引起慢性中毒。因此，尽量不要给宝宝使用此类食品，可以花点时间做些美味的辅食喂宝宝。

25. 宝宝不喜欢吃蔬菜怎么办

宝宝会对食物的好恶逐渐明显起来。不喜欢蔬菜的宝宝，给他喂菠菜、卷心菜或胡萝卜等就会用舌头向外顶。因此，给宝宝吃这类食物时，就要想办法做成让宝宝不能选择形式的食物来喂，如切碎放入汤中或做成菜肉蛋卷等让宝宝吃。

对于宝宝的偏食嗜好，不必急着在婴儿期去强行改变，在一定程度上努力是可以的，但不能过于勉强，有许多宝宝在婴儿期不爱吃的东西，到了幼儿期就会高高兴兴地吃。

26. 吃香蕉能不能为宝宝润肠

当宝宝粪便干燥时，吃香蕉能帮宝宝润肠通便。但有时妈妈给宝宝吃香蕉，结果并不理想。原来这是因为给宝宝吃的香蕉并没有熟透，虽然买的香蕉外皮很黄，但吃起来肉质发硬，有时还有些发涩。这样的香蕉含有较多的鞣酸，而鞣酸对消化道有收敛的作用，当然无法润肠通便了。因此，要为宝宝选择自然熟透的香蕉。

27. 哪些食物易使宝宝过敏

容易引起宝宝过敏的食物有很多，最常见的是异性蛋白食物，如螃蟹、大虾，尤其是冷冻的袋装加工虾、鳝鱼及各种鱼类、动物内脏，家长平时对此类食物应慎重，第一次应少吃一些，如果没有不良反应，下次才可以让宝宝多吃一些。有的宝宝对鸡蛋，尤其是蛋清也会过敏。

有些蔬菜也会引起过敏，如扁豆、毛豆、黄豆等豆类，蘑菇、木耳、竹笋等菌藻类，香菜、韭菜、芹菜等香味菜，在给宝宝食用这些蔬菜时应该多加注意。特别是患湿疹、荨麻疹和哮喘的宝宝一般都是过敏体质，在给这些宝宝安排饮食时要更为慎重，避免摄入致敏食物，导致疾病复发或加重。如果发现宝宝对某种食物过敏，就应在相当长的时间内避免再给宝宝吃这种食物。随着宝宝年龄的增长，身体逐渐强健起来，有些宝宝可能会自然脱敏，即对某种食物不再有过敏反应。不过再次接触该食物时还是应该慎重，从少量开始，无不良反应后再逐渐增加。

28. 可以给宝宝吃滋补品吗

如果宝宝不吃饭了，给宝宝吃点滋补品是不是最简单的方法呢？实际上这样做有时会适得其反，弄巧成拙。不合理的营养补充，不但影响宝宝正常生长发育，而且妨碍体内器官功能的平衡。因保健滋补品中有的含有性激素类物质，具有促进和加强性功能的作用，而合理的营养是健康成长的必要保证。所谓合理营养是指坚持平衡膳食，按科学比例摄取人体所需要的 7 类营养素，做到粗细粮搭配、荤素菜搭配、甜咸食搭配、干稀饭搭配。如果缺乏某种营养素或膳食中分配比例失调，都可影响孩子的正常生长发育。一般情况下，只要坚持平衡膳食，宝宝是不会出现营养缺乏症的。因为分配比例合理的膳食，各种营养素是丰富而全面的。

29. 宝宝吃饭不专心怎么办

吃饭不专心是宝宝在长大的一个具体表现,家长要根据具体情况正确对待,而不要一味强迫宝宝进食。在一般情况下,只要宝宝不再好好吃饭了,通常就证明他的小肚子已经吃饱了,这时妈妈完全可以把饭碗端走,而不必再绞尽脑汁地哄他吃更多,甚至冲宝宝发脾气。当然,宝宝不愿意吃饭,也有可能是因为以下原因:进食零食过多、进餐时间不当、进餐习惯不良、健康状况不佳等。

30. 怎样防止宝宝出现肥胖症

肥胖会给身体带来多种危害。肥胖婴儿因体重增加,行动不便,不爱活动,结果越胖越不活动,越不活动就越胖,成为恶性循环。要知道肥胖会伴发多种疾病,如将来可发展成高血压、冠心病等。

(1)预防肥胖的方法:①按生长发育需要供给食物,不可超量喂养。如果婴儿体重每天增加大于 20 克,必须控制饮食,从减少牛奶入手。如果体重仍然增加过多,应限制食物的摄入量。②饮食要有规律,不可用食物逗哄孩子。③多吃蔬菜、水果,少吃奶油食物,少吃糖,就餐时要细嚼慢咽。④多进行户外活动,及早锻炼身体,不要过多睡觉。

(2)控制婴儿体重:婴儿 10 个月后,如果特别胖,家长需 10 天给孩子称 1 次体重,每天体重增加大于 20 克则属于过胖。

1 岁以内婴儿标准体重简易测量方法为:1～6 个月婴儿体重(千克)＝足月数×0.6＋3 千克,即 3.6～6.6 千克;7～12 个月婴儿体重(千克)＝足月数×0.5＋3 千克,即 6.5～9 千克。不必过于在意宝宝的体重是否一定达标,更不能因为宝宝的指标没有达到或者超标而焦虑,只要喂养合理,宝宝吃得好,睡得好,精神好就好了。

31. 糊状辅食的制作要领是什么

(1)蛋黄辅食的制作

①蛋黄泥的制作方法。将煮熟的 1/4 个蛋黄用勺子压碎,调上水或者奶,把蛋黄汁稀释成比奶水稍稠一点就可以了。蛋黄泥适合初次添加辅食的宝宝。

②蛋黄羹的制作方法。将鸡蛋敲开,先滤掉蛋白,再将蛋黄取出,加一点凉开水,蒸几分钟即可。如果宝宝不喜欢吃蛋黄泥,可选择蛋黄羹。

③蛋黄粥的制作方法。将煮熟的蛋黄压碎,与煮好的白米粥混合煮一会儿,或者直接撒在白米粥上即可。当宝宝 6 个月左右已经初步适应辅食的时候,可以给宝宝制作蛋黄粥。

(2)果泥的制作方法

①苹果泥。苹果洗净、去皮,然后用勺子慢慢刮成泥状即可食用。

②木瓜泥。木瓜用清水洗干净,切开外皮去子,然后把

果肉压成泥状即可给小宝贝喂食。

③猕猴桃泥。先将猕猴桃用清水洗干净，去皮，再把里面有子的部分去除掉，然后把果肉压成泥状。

④香蕉泥。选择成熟的香蕉1个，用勺子将果肉压成泥或者刮成泥状。

温馨提示：给婴儿制作果泥一定要选择成熟、无污染的水果，现吃现做。

(3)蔬菜泥的制作方法

①胡萝卜泥。胡萝卜洗净，去皮，切成小块蒸熟，用搅拌机打碎或者用勺子压成泥状。

②土豆泥。土豆洗净，去皮，切成小块煮熟后用勺子压成泥状。

③山药泥。山药去皮蒸熟，用勺子压成泥状。

④南瓜泥。南瓜去皮蒸熟，用勺子刮成泥状或者压成泥状。

⑤红薯泥。红薯洗干净后上锅蒸熟，剥皮后用勺子压成泥状，也可以用搅拌机打，稀软的部分可以直接吃。

⑥莲藕泥。莲藕去皮，切片蒸熟，用搅拌机打碎。

⑦青菜泥。将青菜洗净，切碎，放少量水煮熟，吃的时候可以与粥、米粉等混合在一起。

⑧西蓝花泥。西蓝花加水煮熟压成泥状。

⑨豌豆泥。将豌豆洗净后用少量水煮熟，然后用勺子压成泥状。

温馨提示：各种菜泥一定要现吃现做，尤其是叶菜类。

(4)肉泥的制作方法

①鱼泥。将鱼洗净后清蒸10～15分钟，然后去皮、去骨，将留下的鱼肉用匙压成泥状，即成鱼泥。制作鱼泥时一定要剔尽鱼刺，为方便制作，可以选择一些鱼刺较少的鱼，如带鱼、鲳鱼，或青鱼、鲤鱼、鳊鱼等鱼的腹部。相比而言，海鱼刺少，肉质鲜嫩，更适合于小婴儿。

②虾泥。将河虾或海虾的虾仁剥出后洗净，用刀把虾仁剁碎或放入食品粉碎机中绞碎，煮熟后即可。虾的味道鲜美，是婴儿比较喜欢的荤菜。

③猪肝泥。将猪肝洗净后用刀剖开，将刀在剖面上慢慢刮，将刮下的泥状物加入调味品，蒸熟后研开，即成猪肝泥。也可将猪肝的包膜、经络等剔除，剁碎(或在绞肉机中绞碎)，蒸熟即成。

④肉末。将肉洗净后剁细绞碎，将肉末煮烂成泥状即可。生肉糜加热后会变成颗粒状，小婴儿可能难以下咽，在加热前用研钵或调羹把肉糜再研压一下，纤维就会变得更细小。也可以在肉糜中加入鸡蛋、豆腐、水淀粉等一起煮，使肉糜变得松软。给婴儿吃的肉糜，最好选用含脂肪较少的鸡肉、牛肉或猪瘦肉。

泥糊状荤菜可以单独吃，也可以与菜泥一起放入米糊、粥或面条中搅匀后再喂给婴儿。

32. 宝宝爱吃甜食怎么办

对宝宝来说，可以从甜食中得到蛋白质、脂肪、碳水化合物、矿物质、维生素、膳食纤维、水和微量元素。对于甜食，不是说宝宝绝对不能吃，而是应给予一个合理的比例。

宝宝甜食吃得太多，其味觉会发生改变，他（她）必须吃很甜的食物才会有感觉，导致宝宝越来越离不开甜食，且越吃越想吃，而对其他食物缺乏兴趣。

过多地吃甜食还会影响宝宝的生长发育，导致营养不良、龋齿，“甜食依赖”、精神烦躁、加重钙负荷、降低免疫力、影响睡眠，以及出现内分泌疾病。

要培养宝宝的口味，让宝宝享受食物天然的味道，给宝宝提供多样化的饮食，保证营养的均衡，宜控制宝宝每天吃甜食的量。

饭前饭后及睡觉前不要给宝宝吃甜食，吃完甜食后要让宝宝漱口。父母榜样的力量是无穷的，想让宝宝少吃甜食，父母首先要控制自己吃甜食的量。

33. 可以给宝宝吸空奶嘴吗

有的婴儿在吸完奶后拔出奶嘴时哭闹不停，有的家长心疼孩子，于是又把空奶嘴塞到宝宝的口中。也有的家长用实心的安抚奶嘴让宝宝吮吸以使其安静。这种做法是不正确的，因为长期吮吸奶嘴害处很大。

（1）由于宝宝长时间吮吸空奶嘴，会使上、下切牙变形，牙齿排列不齐。

（2）吮吸空奶嘴会把大量的空气吸入胃肠道，引起腹胀、食欲下降等一系列消化不良的症状。

(3)吮吸空奶嘴会引起条件发射,促进消化腺分泌消化液,等到真正吃奶时,消化液会供应不足,影响食物的消化、吸收。

(4)如果吮吸的空奶嘴没有很好地消毒,还会引起一些口腔疾病,如口疮等。

(5)长期吮吸奶嘴会养成宝宝的依物癖。

所以,父母不要用空奶嘴来哄宝宝,以免对宝宝造成不良影响,不利于生长发育。

34. 如何使宝宝大脑更健康

脑的发育受到很多因素的影响,如遗传、环境、教育、营养与疾病等,家长要避免一些不利因素对儿童大脑发育的影响。在优生的基础上,为孩子创造良好的生活环境,给予美好的环境刺激、良好的教育、充足的营养,大脑就会健康地发育起来。

(1)谷氨酸(促进脑神经活动):构成脑细胞的主要成分是蛋白质。蛋白质中含有二十几种氨基酸。为了使食物中的氨基酸保持平衡,要把动物性和植物性蛋白的食物氨基酸搭配起来食用。氨基酸中,谷氨酸在植物性蛋白中含量较多,它是脑神经活动的重要营养素。含有谷氨酸的代表性食物有豆腐、豆腐皮等。此外,沙丁鱼、竹鱼、蛤等也含有丰富的谷氨酸。

(2)葡萄糖(脑能量的源泉):葡萄糖是脑能量的源泉。作为脑细胞活动源泉的葡萄糖,对智能不断增加的幼儿期来

说是十分重要的营养素。葡萄糖可以从米面、芋类等含碳水化合物多的食物中吸取。

(3)B族维生素(提高脑活力):B族维生素可以加强脑细胞的活力。特别是维生素B_1,是把葡萄糖作为能量使用时所不可缺少的维生素。维生素B_6被称为神经维生素,与传递神经物质有密切的关系。含有丰富B族维生素的代表食物:含维生素B_1多的是胚芽米、猪肉、豆类;含维生素B_6多的是鱼、纳豆等;含维生素B_{12}多的是松鱼、鳕鱼等。

此外,乳制品也含有大量维生素B_1。在B族维生素中,不能只吃含有维生素B_1的食品,要吃含有各种B族维生素的食品,以保持营养的平衡。

(4)维生素C(增强应激能力):在全身各器官中,脑内维生素C的含量是相当高的。这足以说明维生素C的重要性。同时,在血液中含有维生素C的浓度越高,人的智商就越高。从蔬菜和水果中,能够比较容易地吸收大量维生素C,所以一日三餐应该多吃含有维生素C的食品。

35. 怎样对待宝宝偏食

(1)以身作则:宝宝饮食习惯受父母影响很大,因此父母一定不要在宝宝面前议论什么菜好吃、什么菜不好吃,自己爱吃什么、不爱吃什么,不要让父母的饮食嗜好影响到宝宝。为了宝宝的健康,父母应当调整自己的饮食习惯,不能因为自己不喜欢吃什么也就不让宝宝吃,努力使宝宝得到全面丰富的营养。

(2)巧妙加工:对宝宝不爱吃的食物,在烹饪方法上下功夫,如注意颜色搭配、适当调味或改变形状等,不爱吃炒菜就用菜作馅,不爱吃煮鸡蛋就做蛋炒饭。总之,要多变换些花样,让宝宝总有新鲜感,从而慢慢适应原来不爱吃的食物。

(3)不强迫也不放弃:每个宝宝都可能有不同程度的偏食,父母越强行纠正,宝宝可能会越反感。因此,建议宝宝妈妈不宜强迫进食,否则可能适得其反。很可能过一段时间宝宝会接受某种原来不爱吃的食物,但不能因为某种食物不爱吃就不再给他做,听之任之。

(4)鼓励进步:对宝宝克服偏食的每一点进步,爸爸妈妈都应予以鼓励,这样宝宝自己也会很乐意保持自己的进步。

36. 如何判断宝宝营养状况

随着生活水平的提高,小儿营养缺乏症已大大减少了。但喂养不当或膳食调配不合理,仍会造成某些营养素不足。生活中用一些简单的方法,凭肉眼即可判断小儿营养状况,一般可遵循以下顺序:

(1)头发、面色、皮肤无光泽,稀疏色淡、易脱落——蛋白质不足。

(2)面部鼻唇沟的脂溢性皮炎——维生素 B_2 不足。

(3)皮肤干燥,毛囊角化——维生素 A 不足。

(4)皮肤因阳光、压力、创伤而致的对称性皮炎——烟酸不足。

(5)皮肤出血或瘀斑——维生素 C 不足。

(6)阴囊、阴唇皮炎——维生素 B_2 不足。

(7)全身性皮炎——锌和必需脂肪酸不足。

(8)匙状指甲——铁不足。

(9)皮下组织水肿——蛋白质不足。

(10)皮下脂肪减少——食量、热能不足。

(11)脂肪增加——热能过多。

(12)眼、口、腺体结膜苍白——贫血(如铁缺乏)。

(13)睑角炎——维生素 B_2、维生素 B_6 不足。

(14)口角炎、口角瘢痕——维生素 B_2、铁不足。

(15)唇干裂——B 族维生素不足。

(16)舌炎——烟酸、叶酸、维生素 B_2、维生素 B_{12} 不足。

(17)牙釉——氟过多。

(18)牙龈海绵状出血——维生素 C 不足。

(19)甲状腺肿大——碘不足。

(20)肌肉、骨骼肌肉量减少——热能及蛋白质不足。

(21)骨骼和颅骨软化,方颅、手脚镯症,前囟闭合晚,软骨、肋骨串球,X 形腿、O 形腿——维生素 D 不足。

(22)骨触痛——维生素 C 不足。

当然,上述表现仅是营养缺乏病的可能原因,其他疾病也会有相同体征,要注意鉴别。如能结合体格增长速度和膳食调查,可能会更加准确。

37. 如何调理新生儿肠胃

小儿进食后立刻要排便,有的小儿还未吃完,进餐中间

就要排便，一日三餐至少要排便3次，这种现象俗称“直肠子”。

排便前常有腹痛，便后腹痛缓解，西医认为这是肠易激综合征的一个症候。这种小儿的粪便粗糙，有的像豆腐渣一样，病情进一步加重则会发生吃什么就排什么的现象，中医称“完谷不化”。

以中医理论分析，直肠子的发病是因为脾气虚弱。这种小儿除食后即便外，一般都面色苍白，身体瘦弱，容易出汗，尤其刚入睡时周身出汗较多，还有贫血，抵抗力较低，稍有护理不周就会外感风寒，引起发热、咳嗽等疾病。也有极少数患儿身体并不瘦，反而较胖，但肉松弛，俗称“虚胖”。

直肠子这种病应注意护理：首先含蛋白质高的食物和油腻的食物应少吃，因难以消化，吃多了增加胃肠负担，可加重病情。二是要进食热菜热饭，忌食冷饮冷食，水果也要少吃，不可喝酸奶，以免再伤中焦阳气，使病情加重。三是进食宁少勿多，因患儿在脾胃虚弱的时候进食越多营养越丰盛，吸收的反而越少，也会更加损伤脾胃。有了适当的护理，病情会逐渐好转，最好能及时找中医治疗，经中医辨证调理会尽快痊愈。

六、宝宝的日常护理

1. 早产儿与足月儿的护理区别是什么

早产宝宝在妈妈妊娠不到37周时就迫不及待地提早报到了，与足月儿相比，早产儿大多体重低于2.5千克，身高少于46厘米，他们尚未充分摄取生长所需的养分，来不及发育成熟，因此容易导致组织器官功能不全、生活能力差、抵抗力低等健康问题。

妈妈们也不用太担心，有道是，“先天不足后天补”，只要能抓住早产宝宝2岁前这段宝贵的时间，做到科学喂养、悉心护理，起步明显落后的早产宝宝也可赶上“大部队”，照样不会输给他人。

早产儿与足月儿有如下区别。

(1)免疫：由于全身各脏器的发育不够成熟，白细胞吞噬细菌的能力较足月儿差，血浆丙种球蛋白含量低下，故对各种感染的抵抗力极弱，即使轻微感染也可发展成为败血症。

(2)肾功能：肾脏发育不成熟，抗利尿激素缺乏，尿浓缩能力较差，故生理性体重下降显著，且易因感染、腹泻等而出现酸碱平衡失调。

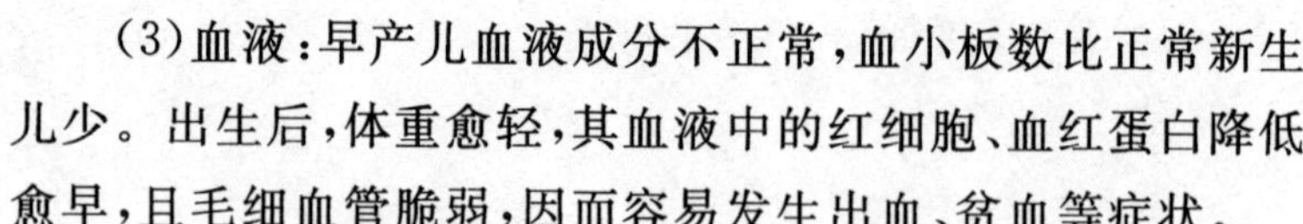

(3)血液：早产儿血液成分不正常，血小板数比正常新生儿少。出生后，体重愈轻，其血液中的红细胞、血红蛋白降低愈早，且毛细血管脆弱，因而容易发生出血、贫血等症状。

(4)生长发育：早产儿比足月新生儿生长快得多，足月新生儿1周岁时，体重约为出生时的3倍，而早产儿出生时体重低，如果喂养得当，生长发育很快。由于长得快，极易发生佝偻病及其他营养缺乏症。

(5)外形特点：皮肤柔嫩，呈鲜红色，表皮菲薄可见血管，面部皮肤松弛，皱纹多，头发纤细像棉花样不易分开，外耳软薄，立不起，紧贴颅旁，颅骨骨缝宽，囟门大，囟门边缘软。乳腺在33周前摸不到，36周很少超过3毫米。乳头刚可见。女婴大阴唇常不能遮盖小阴唇。男婴睾丸多未降入阴囊。胎毛多，胎脂布满全身，指(趾)甲软，达不到指端，足趾纹理仅前端有1～2条横纹，后3/4是平的。

(6)体温：因体温调节中枢发育不全，皮下脂肪少，易散热，加之基础代谢低、肌肉运动少，产热少，故体温常为低温状态。但由于汗腺发育不良，包裹过多，又可因散热困难而致发热。故早产儿的体温常因上述因素影响而升降不定。

(7)呼吸：因呼吸中枢未成熟，呼吸浅快不规则，常有间歇或呼吸暂停。哭声低弱，肺的扩张受限制而常有发绀，喂奶后更为明显。咳嗽反射弱，黏液在气管内不易咳出，容易引起呼吸道梗阻及吸入性肺炎。

(8)消化：吮吸及吞咽反射不健全，易呛咳。贲门括约肌松弛，幽门括约肌相对紧张，胃容量较小，排空时间长，故易

吐奶。胃肠分泌、消化能力弱，易导致消化功能紊乱及营养障碍。

(9)肝脏：肝功能不健全，出生后酶的发育亦慢，故生理性黄疸较重，持续时间亦较长。储存维生素 K 较少，凝血因子低故容易出血。合成蛋白质功能亦低，易引起营养不良性水肿。

2. 如何让早产儿“追上”足月儿

早产儿在 0 至 1 岁之内必须加强营养，积极防病，细心耐心地护理。

(1)保温：室温在 24℃～26℃，空气相对湿度在 55%～65%，室内放一个可蒸发的水盆，空气干净清新。衣被要求软、暖、轻，在小包被外两侧放热水袋。对早产儿应避免不必要的检查和移动。每 4～6 小时测体温 1 次，保持体温恒定在 36℃～37℃。当早产儿有青紫或奶后呼吸困难时给予吸氧。另外，早产儿的体位取平卧位，不用枕头。

(2)各种维生素的补充：由于早产儿生长快，维生素又储备不足，所以维生素 A、B 族维生素、维生素 C、维生素 E、维生素 K、钙、镁、锌、铜、铁等都应分别在出生后 1～2 周开始补充，最好用母乳，因初乳中各种人体必需的元素及蛋白质、脂肪酸、抗体的含量都高，正好适合快速生长的早产儿所需。如母乳不足，则采用早产儿乳粉。

(3)预防感染：早产儿室不准闲杂人员入内。接触早产儿前任何人(母亲和医护人员)须洗净手。接触早产儿时，大人的手应是暖和的，不要随意亲吻、触摸。早产儿的用品要消毒、要干净，桌面床面保持整洁。母亲或陪护人要戴口罩，如腹泻则务必勤洗手，或调换人员进行护理。

(4)定期检查：如果条件许可，父母在早产儿 1 岁以内最好能每个月到医院儿科保健门诊去检查一次，两岁以后可以 2～3 个月去检查一次，以得到儿科医生的指导。

有资料显示，早产儿出生以后一年或一年半之内是其神经发育的重要阶段，家长在这段时间应尽量给其提供充足的营养。如果早产儿出生后 1～2 年内没有实现追赶性成长，就失去了追赶性成长的机会，那么其神经及体格发育可能面临更多问题。所以，加强早产儿的营养至关重要。

3. 如何给宝宝洗澡

在给宝宝洗身上前，先给他洗脸，这时洗比他进水后再洗要容易。给宝宝洗脸不需要用香皂或洗面奶，可以用干净的棉球蘸上温水，然后把水挤出来，给宝宝洗脸。

如果宝宝的眼角或鼻子里有分泌物积存，要先用蘸湿的棉球轻拍几下，使它们变软，再另拿一块干净的棉球，分别从鼻侧向外擦拭宝宝的双眼。

然后，按照下面的步骤给宝宝洗澡：

(1)保持室内温暖，洗澡水要感觉舒适为宜。如果有洗澡温度计，把水温控制在 37℃左右。

(2)如果宝宝是新生儿或者还不满 6 个月，澡盆中水深在 10 厘米左右，或者确保宝宝在澡盆里肩膀能浸在水中，以

免着凉。对于大一些的宝宝,绝不要让水深超过宝宝坐位时的腰部。

(3)把宝宝抱到洗澡的地方,并将他的衣服和尿布脱光。如果尿布里有粪污,要先把宝宝的生殖器和屁股擦拭干净,再把他放进澡盆里。

(4)慢慢地把宝宝放进澡盆里,用一只手托住他的头颈部。你要抓牢,因为他弄湿后会很滑。在洗澡过程中,不时撩水到宝宝身上,好让他不会感到太冷。

(5)给宝宝打一点点柔和的、未添加香味的浴液或浴皂。如果宝宝的皮肤比较干燥或敏感,可以在洗澡水里滴几滴沐浴油。不过,沐浴油会让宝宝的皮肤非常滑,难以抓牢。

(6)用手、浴巾或婴儿洗浴海绵从上至下、从前往后,把宝宝从头到脚清洗一遍。至于宝宝的生殖器,只要用常规的方法清洗就好了。

(7)把宝宝抱出澡盆,立即放在大浴巾上。把宝宝包裹在温暖的浴巾里,轻轻拍干,不要来回擦。如果宝宝的皮肤干燥,可以再给他抹些柔和的润肤乳液或润肤霜。

(8)给宝宝穿上干净的衣服,用一块温暖的干毯子把宝宝包好,在他香香的小头上印一个深情的吻。

4. 宝宝洗澡需要注意的细节有哪些

(1)婴儿皂的选择应以油性较大而碱性小、刺激性小的婴儿专用皂为好。

(2)清洗鼻子和耳朵时只清洗看得到的部位,而不要试着去擦里面。

(3)为女婴清洗时不要分开女婴的阴唇清洗，会妨碍可杀灭细菌的黏液流出。为女婴清洗外阴时，应由前往后清洗，避免来自肛门的细菌蔓延至阴道而引起感染。

(4)为男婴清洗时绝不要把男婴的包皮往上推以清洗里面，这样易撕伤或损伤包皮。

(5)清洗婴儿脐带残端时，将棉花用酒精浸湿，仔细清洗脐带残端周围皮肤的皱褶。然后用干净的棉花蘸上爽身粉，将残端弄干爽。

(6)清洗婴儿屁股时，每次使用一团棉花或是一块纱布，洗后要在温水中浸泡，彻底地清洗干净。

5. 为宝宝洗澡前要做哪些准备

(1)一定要把洗澡、擦干身体和要换的衣服等用品都准备好，放在手边。

(2)妈妈可以穿上防水围裙，防止把自己的衣服弄湿，还要在大腿上铺一块大且软的毛巾，胸前也要再铺一块，这样洗完澡抱婴儿时，他会感到温暖而舒适。

(3)特别小的婴儿不能很好地自我调节体温，所以尽量减少他光着身子的时间。给宝宝准备好洗澡水和所有用品后，再给孩子脱衣服。

(4)加到水里的婴儿浴液比肥皂好用，或把浴液放到洗浴海绵上。

(5)一盆洗脸的温水(如果宝宝不到2个月，要先把水烧

沸再放温)。

(6)几个干净的棉球。

(7)一块海绵或小毛巾。

(8)沐浴液、温和的香皂或沐浴油。

(9)至少一块洁净的干毛巾。带帽浴巾就很好,可以把宝宝从头到脚都裹起来。

(10)一个温度计。如果你家里有,可以拿来测水温。

(11)一块棉布或旧毛巾(如果是男婴,当解下尿布时,他的皮肤接触到新鲜空气,可能会撒尿)。

(12)一条干净的尿布和1套干净衣服。

(13)一条温暖的毯子。

(14)大一点儿的婴儿可以把毛巾弄成带兜帽状的,他会觉得更安全、更舒服。如果先把毛巾在电暖器上烘暖会更舒适。

(15)每次给婴儿洗澡前在澡盆里只放深10厘米的水。

6. 宝宝洗澡时应注意哪些安全问题

(1)绝不要把婴儿单独留在澡盆里,即使只是大人转个身的工夫,他也可能滑倒在水里溺毙。

(2)不要让婴儿自己站在水里。

(3)如果婴儿开始跳上跳下,一定要坚决让他安静地坐下,没有你的扶助他很容易摔倒。

(4)用毛巾将热水龙头盖住,否则会烫伤宝宝。

(5)婴儿在水里的时候不要往里面加热水以免烫伤。

(6)不要试图看他能否自己坐着,这样容易摔倒。

(7)婴儿还在澡盆里的时候不要拔塞子。否则,水流走的声音会让他感到害怕。

(8)抱孩子出澡盆时,妈妈要将背部挺直,让张力落到臀部上并防止脚下湿滑摔倒。

7. 哪些情况不要给宝宝洗澡

(1)发热、呕吐、频繁腹泻时不能给儿童洗澡,因为洗澡后全身毛细血管扩张,易导致急性脑缺血、缺氧而发生虚脱和休克。

(2)宝宝打不起精神,不想吃东西甚至拒绝进食,有时还表现出伤心、爱哭,这可能是儿童生病的先兆或者是已经生病了。这种情况下给儿童洗澡势必会导致其发热或加剧病情的发展。

(3)宝宝退热后不到两昼夜(即 48 小时)以上者,是不宜洗澡的。因为发热宝宝抵抗力极差,很容易导致再次感受风寒而发热。

(4)若遇宝宝发生烧伤、烫伤、外伤,或有脓疱疮、荨麻疹、水痘、麻疹等不宜洗澡。这是因为宝宝身体的局部已经有不同程度的破损、炎症和水肿,马上洗澡会进一步损伤引起感染。

(5)孩子打完预防针当天或接下来的几天内不要洗澡,以防感染。一般在疫苗注射事项中会提醒家长,一定要严格按医生的要求做。如果是炎热的夏季,宝宝出了很多汗,可

以用湿毛巾给宝宝擦身，但要避开打针的部位。

8. 什么时候给宝宝洗澡比较好

选择一天中你不会被打扰，能够完全专注在宝宝身上的时候。洗澡前最好宝宝是清醒的，兴致也好。选在两次喂奶之间，宝宝的肚子既不饿，也不是饱饱的。

如果宝宝还处在新生儿阶段，白天给他洗澡会更容易些。但是等到他几个月大的时候，洗澡可以成为他睡前程序的一部分。

温水能帮助宝宝放松下来，让他感到困倦。这也是让家里其他人参与的好机会，晚上给宝宝洗澡，是宝宝护理的工作中爸爸通常愿意承担的一部分。

9. 如何给婴儿做抚触

一般来说，"抚触"最好安排在给孩子洗浴之后，这样宝宝不会有任何抵触情绪，并乐意接受你们的"亲密接触"。

在抚触之前，除了将室内的温度、湿度调整好，妈妈还要做好暖手准备。首先，妈妈要把所有的首饰都摘掉，宝宝的皮肤可不喜欢这些珠光宝气的东西。然后，用婴儿香皂或沐浴露仔细地清洗双手，并用面巾纸擦干。可别习惯性地抹上护手霜哦，宝宝有可能对它过敏。这时，涂上一些婴儿油就可以了。最后，别忘了暖手，不可用冰凉的手摸宝宝的身体。

在抚触时，应在旁边准备一块干净的尿布和毯子，以免抚触过程中因宝宝突然大小便而手忙脚乱。

对新生儿，每次按摩15分钟即可，稍大一点儿的宝宝需20分钟左右，最多不超过30分钟。一般每天进行3次。一旦宝宝开始出现疲倦、不配合的时候，就应立即停止。因为超过30分钟，新出生的宝宝就觉得累，开始哭闹，这时候妈妈就不应勉强孩子继续做动作，让他休息睡眠后再做"抚触"。

【腿部抚触】

(1)双手抹好油，拿起宝宝的腿轻轻摇晃。拉他(她)的腿，用手掌一节一节地从大腿拉到脚。重复几次。内侧手抓住脚踝，外侧手从上到下按摩大腿后面。

(2)手滑到宝宝的膝盖，手掌轻轻地一节节拉小腿和脚。感觉宝宝的脚和指头滑过掌心。

(3)抚摸宝宝脚背上方，伸展他(她)的脚趾头，然后轻轻地用拇指和食指一个一个拉动脚趾头。

(4)轻轻地将两个拇指放到脚底，从脚后跟向脚趾头进行按摩，要注意可能按摩到肾的针灸点，这能起到利尿的作用。

(5)记住要时常检查自己的手是否抹好了油，并且重复几次动作，以一节一节从大腿骨向脚的按摩开始动作。轻轻摇晃一条腿，另一条腿做相同的动作。按摩过的腿部通常会感觉比没有按摩的时候要轻一些。不要只按摩一条腿，即使没有时间也不可以只按摩一条腿。

(6)按摩双腿，拿着宝宝的脚踝，轻柔地做骑自行车的动

作。双膝要靠在一起，向腹部弯曲再向外拉出来。重复 3～4 次（这个动作有助于释放肠气）。

（7）轻轻在地面交换着敲打宝宝的双脚。

（8）腿部动作结束之后，还要用一些油，从胳膊下开始沿着身体两侧拉动婴儿的双手，然后到胸、臀部和大腿。

【腹部抚触】

（1）这是个敏感部位，按摩能帮助解决胃痛问题。一般也能使宝宝感觉舒服，但是有些宝宝并不会觉得舒服。先开始顺时针方向画圆圈，用一只手的指尖画圈，做了几个之后，手放松，再在腹部从左到右顺时针方向画圆圈。

（2）另外一只手呈杯状，水平地放在宝宝的肚子上，然后轻柔地在宝宝的臀部和最下面一根肋骨之间向一旁拉。再用手指指腹轻轻拉回。

（3）从宝宝左侧的臀部和下边肋骨之间一节一节地按摩，按摩到肚脐；右边重复动作。

【胸部和手臂抚触】

（1）双手放在宝宝胸部，向上、向外越过肩膀进行按摩，然后回到胸部中央。

（2）接下来，双手还是放在宝宝胸部，向上、向外越过肩膀进行按摩，然后将宝宝的双手放到身体两侧。

（3）双手放在宝宝胸部，向上、向外越过肩膀进行按摩，用手掌将宝宝的胳膊拉成水平状态，感觉他（她）的双手和手指。不要强迫性地做任何动作，如果宝宝不愿意张开双臂，试着拍打他（她）的双手，然后一个一个地打开。

(4)从肩膀前方到腿部抚摸他(她)的全身。

【头部抚触】

(1)用双手食指和拇指顺着耳朵按摩。头部按摩是强有力的,因此可以花1～2分钟。

(2)越过两侧的脸颊轻柔地抚摸鼻梁。

【背部抚触】

(1)抱起宝宝给他(她)一个拥抱,然后让他(她)采取俯卧姿势,如果他(她)不喜欢这个姿势,可以把他(她)放在你的膝盖上。

(2)用双手手掌在脊柱两侧从宝宝的背部抚摸到脚底。

(3)手呈杯状,稳稳地轻拍宝宝,但是要轻轻地拍,从胸部后面和肩膀到脊柱底部的位置。

(4)双手放松,按摩脊柱底部及臀部,呈顺时针方向画圆圈。

结束时,双手从宝宝后脑勺顶部开始往下按摩到背部、腿部直到脚趾。

10. 如何使婴幼儿有良好的睡眠

每一个孩子在不同的年龄阶段和不同的环境中所需要的睡眠时间都是不同的。有些宝宝会一次睡很久,有些宝宝则喜欢不时地打一个瞌睡;有些宝宝睡眠十分规律,有些宝宝的睡眠则没有任何规律可循。

◇ **新生儿**

刚刚出生的小宝宝没有白天和晚上的概念。他需要一

天24小时睡觉和吃奶,这样才能正常发育和成长,因此白天和晚上对他来说并没有什么特别的含义。总的来说,新生儿每24小时会睡16～18小时;他通常会一口气睡上2～4小时,然后饥肠辘辘地醒来。刚开始的时候,他会不分昼夜地吃奶,逐渐就会在晚上睡得稍微比白天的时候时间长一些。

你可以在不同的时间段里,用不同的表现来让你的小宝贝懂得区分白天和夜晚两个时间段。在白天,当你给孩子喂奶的时候,要多同他说话,让整个气氛轻松愉快。到了晚上,尽量将声音放低或保持安静,并将灯光调暗,最终他会明白并在晚上的时候睡得更多些。

小提示:当小宝宝还在子宫里的时候,妈妈走路时产生的运动感会让他安静下来并很快入睡。所以,新生儿仍然喜欢轻轻地摇晃和摆动,这一点也不奇怪。把他包裹在包被里,同样也可以让他产生又"回家"了的感觉。不少婴儿还会从音乐声中找到平静。但是要记住:应该一天24小时每隔2～3小时就喂他一次。

◇ **出生3周**

虽然小家伙仍然会在晚上醒来要奶吃,但他一次睡的时间已经明显延长了,有可能长达3～4小时。同时,他醒着的时间也变长了。

记住,如果是母乳喂养的话,母亲体内的激素会重新调整,使你的睡眠模式适应小宝宝的生活规律。如果你顺从这一变化的话,这些激素会让你不会有睡眠不足的问题。白天当婴儿睡觉的时候你也应该小睡片刻。用配方奶粉喂养的婴儿睡眠时间会稍微长一点儿，因为配方奶粉会在他们的小胃里停留时间稍微久一点儿。但总的来说，吃配方奶粉的婴儿与母乳喂养的婴儿睡眠模式大同小异。

小提示：如果小宝宝白天一整天都在睡觉，在吃奶的时候也在打瞌睡，要想办法弄醒他再让他吃东西。他应该了解长一点的睡眠时间是在晚上。到了这个阶段，要帮助他开始调理生活，可以在大约下午4时带他去幼儿活动中心。就算他在打瞌睡，也应该让他直起身子坐在婴儿座椅、背带或摇晃椅里。然后在傍晚7～8时为他洗个澡。这样就可以让他保持清醒，同时还可以让他放松，为下一个3～4小时的长觉做好准备。

◇ 2个月

宝宝已经开始可以自己入睡了，但是你还是应该在晚上按时叫醒他吃奶。虽然他的生活开始有了一定的规律，却也经常有变化，要顺应他的变化，这时就开始设立规矩还为时过早，因为强加给他一个生活规律是不健康的。

这个年龄段的宝宝比起刚刚出生时的睡眠时间已经减少了，每天平均15～16小时，且大部分睡眠时间会在晚上；白天，宝宝醒着的时间会长一些了，但是他还是需要睡上3～4觉才行。不过，这些也都是因人而异的。

2个月的宝宝并不是可以一觉睡到天亮的，大部分宝宝还是需要在夜间吃奶的。

如果宝宝在傍晚的时候开始哭闹不休，不要感到吃惊，这是一个很常见的现象，当他终于安静下来的时候，往往可以睡上一个长觉。

小提示：宝宝刚刚醒来时，会有些哭闹是很正常的。当宝宝哭的时候你应该过去查看一下，但应该让他哭小会儿（大约5分钟），他或许会自己平静下来重新入睡的。

◇ 4个月

4个月宝宝的平均睡眠时间是每天9～12小时，白天的时候会睡3觉，每次2～3小时。这是一个过渡阶段，你的宝宝马上就要在白天有规律地睡2次了。当宝宝在白天只睡2觉，那么他在晚上就会有更长时间的睡眠了。

这个年龄的宝宝大部分会将一天中的睡眠时间大部分放在晚上，白天他们醒着的时间会更长。

你的孩子现在已经会做一些事情让自己平静下来并入睡了。现在是时候形成一种固定的模式帮助他在白天和晚上都能够安然入睡。对于4个月大的宝宝来说，模式是十分重要的，所以要尽量保证每天的日间小睡和夜晚就寝的时间和方式都相同。你不一定严格要求，只要尽可能地坚持就可以了。

小提示：你的宝宝现在已经可以稍稍翻一下自己的身体了，有可能在自己的围栏小床里挪来挪去了。你可以考虑买一个包被式的被子，否则的话，他总是会把自己挪到被子外面，而且会被冻醒。购买前要仔细确认包被是不是阻燃材料制作的。

◇ 6个月

每一个人的睡眠模式都不一样，就算6个月婴儿也不例

外。一些特殊的情况，如孩子病了或是睡在祖母家陌生的床上，都会影响宝宝的睡眠模式。但是，他的睡眠模式正处在形成阶段。

6个月宝宝每一个晚上的平均睡眠时间大约为11个小时，通常白天上午和下午各有一次小睡，每次1～2小时。几乎所有身体健康的6个月宝宝都可以一觉睡到天亮了。他们已经不再需要在夜间吃奶或在凌晨时分找人说话，除非你想要在这个时候同宝宝在一起待一会儿，或者是想要在夜间喂奶以维持出奶量。

到了这个时候，你的小宝宝已经开始有了更多自己的主意了。这是你最后的机会，在他还不能用语言参与到决策讨论中之前，你还来得及决定到底想让他在哪里睡觉。态度坚决地坚持就寝程序可以帮助他自己入睡并一觉睡到天亮。

小提示：以下是能够让就寝时间变得轻松愉快的好习惯。

*在孩子还醒着的时候把他放到床上去，这样可以练习在自己的床上入睡。如果他是在吃奶的时候或者摇晃的时候睡着的，那么他在半夜醒来的时候也会有同样的期待的。

*给孩子一个他最喜欢的软毛玩具或者其他喜爱的东西帮助他入睡。虽然你要避免让孩子的小床里堆放太多的玩具（或者是大个儿的玩具），一个特别的软毛玩具或者填塞动物玩具还是可以的。这会帮助他平静下来，然后安静地入睡。

◇9个月

8～9个月婴儿睡眠出现问题是很常见的。虽然在这之前他都可以一直睡到天亮，但到了这个阶段会在半夜的时候醒来，然后把房间里所有的人都吵醒。

9个月婴儿通常在晚上会睡11～12小时。其实还是像从前一样，宝宝每天晚上睡几个小时后就会醒一会儿。同以前不一样的地方就在于，当他醒来以后，他就会记起你来，会很想你。此外，如果他已经习惯了在摇晃和大人的怀抱中入睡，那么即使是在半夜，他也想要同样的待遇。是迁就他这种已经养成的习惯，还是让他学习自己重新入睡，决定权完全在你的手里。如果他哭闹的话，观察一段时间，让他有机会自己平静下来。如果他的哭闹升级了，尽可能安静平和地让他安静下来；如果你还是想要他今后定期睡在自己床上的话，尽量不要去抱起他。

在这个年龄，宝宝通常会在白天睡2觉，上午和下午的小睡通常都是1～2小时。作为父母，你是最知道自己的孩子每天需要睡多久的。不过，不论他每天睡多久，如果他白天睡得多了，晚上就会少睡。如果请别人在白天照看你的孩子，同他讨论一下孩子白天的作息时间是否有可以改进的地方。

小提示：

*当孩子生病的时候，他们通常会睡得久一些。但是比平常日间的睡眠时间多出1小时是一个不正常的现象。如果孩子因为疾病而比平常睡得多了1小时以上，请立刻到医院就诊。

*在这个年龄，攀爬甚至在小床围栏上面站立都是正常

的举动。一定要确保宝宝的小床围栏结实且安全,要记住孩子很快就会学会怎样站着从小床上下来。

◇1岁

到了1岁,关于上床与否的争执就正式开始了。宝宝新学会了走路、说话和自己吃饭,这些都让他十分兴奋,在这个时候要让他平静下来上床睡觉就会变得越来越难。他可能会逗弄你,想让你过来抱他。这么一个可爱的宝宝谁又忍心拒绝他呢?但还是要坚持你制定的就寝程序,因为这将在未来的几个月时间里对你们两个人都有好处。

通常情况下,1岁孩子每天晚上会睡10～12小时,然后在白天再睡2觉,每次1～2小时。不过,还是那句话,睡眠时间的长短是因人而异的。

许多孩子会选择一个他们的“最爱”,一个毯子或者一件软毛填塞动物玩具可以帮助他们平静入睡,这是他们步入独立睡眠的一步。使用安抚奶嘴是个不好的习惯,到了这个年龄应该戒掉了。

小提示:你也许会注意到孩子下午的小睡时间缩短了一点儿,不过他醒后会自己在小床里玩一会儿再叫你过来。在他的小床里放几个小玩具,鼓励他继续这么做,但一定不要给他太大的玩具,否则他很快就会学会怎样踩着它们从小床围栏里爬出来。

11. 婴儿臀部如何护理

(1)臀红的原因:如果对宝宝的小屁股护理得不好,就可

能会出现尿布性皮炎(臀红)。出现这种情况是什么原因造成的呢?

①婴儿大、小便后没有及时更换潮湿的尿布,尿液长时间的刺激皮肤或粪便没有及时清洗,其中的一些细菌使大、小便中的尿素分解为氨类物质而刺激皮肤。

②尿布质地粗糙,带有深色染布或尿布洗涤不净,都会刺激臀部皮肤。

③由于腹泻造成的排便次数增多等。其临床表现为臀部、大腿内侧及外生殖器、会阴部等处皮肤初起发红,继而出现红点,以后融合成片,甚至造成皮肤糜烂、感染而发生败血症。

(2)臀红的防治:婴儿常因臀红而烦躁、睡卧不安。其实,只要护理得当,臀红是完全可以预防的:

①给宝宝勤换尿布,使用护肤柔湿巾擦拭,有效保护宝宝不得尿布疹。

②尿布质地要柔软,以旧棉布为好,应用弱碱性肥皂洗涤,还要用热水清洗干净,以免残留物刺激皮肤而导致臀红。

③腹泻时应早治疗。

④培养宝宝良好的大、小便习惯。

⑤臀部轻微发红时,可以用护臀膏。严重时要引起注意,每次清洗后暴露宝宝的臀部于空气或阳光下,或用红外线灯照射使局部皮肤干燥。

12. 如何给婴儿洗臀部

每次换尿布时都要彻底清洁婴儿的臀部，以免婴儿的臀部发红和疼痛。

◇ 女婴清洁

妈妈自己先洗手，然后把婴儿放到垫子上，解开衣服及尿布。如果用的是布尿布，用尿布干净的一角擦掉粪便；如果是用纸尿布，打开尿布，用纸巾擦去粪便，把纸巾扔到尿布上，然后抬起她的腿，在下面把尿布折好。

(1)用纸巾擦去粪便。然后用水或洁肤露浸湿棉花，擦洗她小肚子各处，直至脐部。

(2)用一块干净棉花擦洗大腿根部所有皮肤皱褶里面，由上向下、由内向外擦。

(3)抬起婴儿的双腿，并把你的一只手指置于她的双踝之下，清洁外阴部，注意要由前往后擦洗，防止肛门的细菌进入阴道。不要清洁阴唇里面。

(4)用干净的棉花清洁她的肛门，然后是臀部，从大腿向里至肛门处。洗毕即拿走纸尿布，在其前面用胶纸封好，扔进垃圾箱。洗你自己的手。

(5)用纸擦干她的尿布区，然后让她的臀部暴露于空气中。

(6)在外阴部四周、阴唇及肛门、臀部等处擦上防疹膏。

◇ 男婴清洁

男婴的尿可以撒的到处都是，因此再次换尿布时要彻底清洁他的臀部，警惕发生臀部肿痛。你自己先洗手，把宝宝放在他的垫子上，解开他的衣服及尿布。如果用的是布尿布，用尿布干净的一角擦去臀部皮肤上的粪便；如果用纸尿布则解开胶纸。

(1)男婴常常就在你解开尿布的时候撒尿，因此解开后仍将尿布停留在阴茎处几秒钟。

(2)打开尿布，用纸巾擦去粪便，扔到尿布上。然后在他的屁股上面折好尿布。用水或者清洁露浸湿棉花来擦洗，开始时先擦肚子，直到脐部。

(3)用干净棉花彻底清洁大腿根部及阴茎处的皮肤皱褶，由里往外顺着擦拭。当清洁睾丸下面时，要用手指轻轻将睾丸往上托住。

(4)用干净棉花清洁婴儿睾丸各处，包括阴茎下面，因为那里可能有尿渍或粪便。如果必要的话，可以用手指轻轻拿着他的阴茎，但小心不要拉扯阴茎皮肤。

(5)清洁他的阴茎，顺着离开他身体的方向擦拭。不要把包皮往上推去清洁包皮下面，只是清洁阴茎本体。

(6)抬起婴儿双腿，清洁他的肛门及臀部，你的一只手指放在他的两踝中间，他的大腿根部也要清洗。清洗完毕即除去尿布。

(7)擦拭你自己的手，然后用纸巾抹干他的尿布区。如果他患有红臀，让他光着屁股蹬一会儿腿，预备些纸巾，待撒尿时用。

13. 怎样为新生宝宝剪指甲

(1)剪指甲方法：母亲一只手的拇指和食指牢牢地握住宝宝的手指，另一只手持剪刀从边缘的一端沿着指甲的自然弯曲轻轻地转动剪刀，将指甲剪下，切不可使剪刀紧贴到指甲的尖处，以防剪掉指甲下的嫩肉而伤及手指。剪好后检查一下有无锐角及尖刺，若有应剪整齐。

剪指甲的时间应该选择在喂奶过程中或小儿深睡时。

(2)误伤后处理：如果不慎误伤了宝宝手指，应尽快用消毒纱布或棉球压迫伤口直到流血停止为止，再涂一些抗生素软膏。

14. 如何给新生宝宝擦爽身粉

由于宝宝皮肤的汗腺还未发育成熟，很容易长痱子，皮肤的皱褶处也常常会出现红肿。因此，很多家长喜欢给宝宝用爽身粉来保持皮肤皱褶处的干燥润滑。爽身粉可以使用，但要掌握正确的方法。

一些宝宝比较胖，手臂、大腿等处皮肤皱褶较多，出汗后皱褶处容易潮湿，这样就可以涂一些爽身粉。此外，宝宝的腋下、腹股沟等部位也可以适量擦一些爽身粉。

宝宝大、小便之后，用湿巾、软卫生纸、纱布等擦拭清理。

换纸尿裤前,应该用温水清洗宝宝的小屁股,适当擦一些爽身粉。习惯用布尿布的最好用纯棉织品,而且要做到常换、常洗、常晾晒,保持宝宝小屁股的干燥和清洁。

需要注意的是,宝宝的脖子以上不提倡使用爽身粉。因为如果家长手法不对,爽身粉的微粒很可能被宝宝吸入鼻孔,引起不适。

如果使用了爽身粉,记得在下次清洁时要把爽身粉清理干净,尤其是皮肤的褶皱处涂抹爽身粉后,宝宝再次出汗,那些粉末会结块,时间长了还会滋生细菌。

15. 宝宝的家庭护理要求是什么

(1)预防感染:尽量减少人员,减少探视。室内保持空气流通新鲜,在保证室温的情况下做到定时开窗换气。在接触和护理小宝宝时先认真洗手;母亲如果患感冒,护理小宝宝时应戴口罩。宝宝排便后应清洗臀部,保持干燥,经常洗澡,尤应注意腋下、大腿根部等皮肤皱褶处的清洁干燥。

(2)保暖:居室温度保持在 20℃～25℃,相对稳定为宜。在冬春季节居室太干燥,室内放盆水或放置加湿器,外出时注意天气变化,不要太冷或太热。

(3)喂养:出生后即开奶,提早哺乳,有利于新生儿的营养补充,同时能促进母亲乳汁的分泌,增进母子肌肤相亲,情感深远。母乳喂养不限时间,适时哺喂,什么时候想吃就什么时候喂,符合生理需要,最好喂到 4 个月后适时添加辅助食品,逐渐改为混合喂养,以满足生长发育的需要。

(4)用药:各种药物进入人体后,一般经过肝脏解毒,通过肾脏排泄。宝宝肝、肾功能不完善,用药应极其慎重,必须在儿科医师指导下严格按规定计量应用。

16. 为什么喂奶时不要让婴儿睡着了

给不到3个月的婴儿喂奶,要选择在婴儿清醒、比较兴奋的时间进行,但往往婴儿吃着吃着就睡着了。母亲在喂奶时要注意观察婴儿的动静,当发现他吮吸无力、节奏变慢时,就要适当地活动一下婴儿,一般是用手轻轻搓揉婴儿的耳垂,也可改变一下抱的姿势,或有意将乳头从婴儿嘴中抽出等,以此使婴儿兴奋,使之继续吃奶。如果用了种种方法后,婴儿仍然沉睡不醒则不必勉强弄醒,让他安然入睡,可视婴儿的需要,将下次喂奶的时间提前。

17. 给新生儿洗头应注意什么

妈妈每天触摸婴儿时千万不要损伤囟门,为婴儿洗头时就更要小心了。有的妈妈生怕婴儿头上的头皮洗不干净而去抠抓,这些都必须避免。每天洗澡时,洗头的皂液不用天天使用,三四天用一次就可以了。

另外,洗头时一定要用一只手托住婴儿的头颈,两个指头(拇指和中指)顺便把婴儿的两只小耳朵向前轻折,以盖住耳孔,淋水时不要让水浇到婴儿的脸上。

18. 宝宝睡觉采取什么体位为好

这一时期的婴儿极其柔弱，松软的枕头、太厚重的被子，还有经常性吐奶，都可能导致窒息。所以，让婴儿仰睡是医生们认为最安全的睡姿。

仰卧的体位还可使婴儿的面部最大限度地接触空气，保证了氧气的吸入。

除此以外，侧位也是可以的。把婴儿侧着放在床上，用卷着的小被子顶住他的背。

如果婴儿经常呕吐，则可以让他睡俯卧位，即趴着睡。

婴儿睡觉体位的变更应根据实际情况而定，重要的是要让婴儿睡在一个硬的床垫上，平整，不用枕头。

19. 宝宝全身皮肤如何护理

保护好宝宝完美肌肤，不妨从以下 6 个方面做起。

(1)保护酸性保护膜很重要

①宝宝皮肤发育不完全，控制酸碱能力差，只能靠皮肤表面的一层酸性保护膜保护皮肤。防止细菌感染，保护好这层酸性保护膜很重要。

②妈妈可使用婴儿沐浴露系列、婴儿香皂之类纯净温和的婴幼儿产品为宝宝沐浴，彻底清洁宝宝肌肤的同时，给宝宝肌肤留下天然保护膜，保持肌肤滋润柔滑，又可有效抵御细菌侵入。

(2)角质层保护不可少

①宝宝皮肤的角质层尚未发育成熟，真皮层较薄，纤维组织稀少，皮肤缺乏弹性，易被外物渗透，并容易因摩擦受损。

②妈妈应选用棉质及柔软的衣物和尿布，沐浴后为宝宝选择经高温消毒处理过的粉质细腻、不含杂质的婴儿爽身粉涂于全身，特别是皱褶处，能有效吸收剩余湿气，预防痱子及尿疹，令肌肤干爽舒适；同时，减少肌肤摩擦，避免宝宝的娇嫩肌肤受损。

(3)保持水分平衡不可少

①宝宝皮肤的真皮及纤维组织较薄，非常幼嫩敏感，而且抵抗干燥环境能力较差。

②有效的方法是使用不含香料、酒精的润肤霜，能保护皮肤的水分平衡。因妈妈和宝宝亲密接触，使用同一种润肤霜是极好的方法。切记，宝宝护肤品的牌子不要经常更换，这样宝宝的皮肤便不会对不同的护肤品做出调整。最好是选择婴儿润肤露，能有效滋润娇嫩的肌肤，在肌肤上留下一层滋润保护膜。

(4)防止皮肤过敏是关键

①宝宝的免疫系统尚未完全成熟，抵抗力较弱，较容易出现皮肤过敏，如红斑、红疹、丘疹、水疱，甚至脱皮等。

②建议妈妈用不含皂质和刺激物的婴儿沐浴露给宝宝洗澡。作用温和不刺激的婴儿润肤油、润肤露等护肤品，可避免宝宝皮肤过敏。

(5)体温调节要重视

①宝宝汗腺及血液循环系统还处于发育阶段,宝宝调节体温的能力远远不及成年人,所以容易产生热痱和发热。

②妈妈要经常为宝宝洗澡,选择品质纯正而又安全有效的婴儿爽身粉为宝宝涂抹,会令他感到凉快舒适。切记不要给宝宝穿戴过多。如果宝宝长了痱子,应在长痱子的部位涂上专门为婴儿设计的婴儿热痱粉,帮助宝宝去痱止痒。

(6)眼睛保护多注意

①宝宝的泪腺未发育完全,不能分泌足够的泪水保护眼睛,常常受到外界刺激物的伤害。

②避免使用普通洗发精或二合一洗发精,应选用专为宝宝设计的洗发精,如婴儿洗发精或洗发沐浴露。它含特殊的无泪配方,品质纯正温和,100%不含皂质,绝不会刺激宝宝的眼睛,能有效地洗净宝宝头皮,清除头垢,又有效保护宝宝皮肤和头发上的天然保护层,使头发保持健康滋润。

七、婴幼儿常见问题解答

1. 新生女婴出现白带或月经是怎么回事

刚出生不久的女婴常常发现其尿布上及阴道口有白色黏液流出来，这就是所谓的“白带”。另外，少数的女婴在出生后1周左右，阴道流出血性分泌物，有时持续2～3天，很像月经，人们把它称为“假月经”。

这种“白带”和“假月经”与母亲的白带和月经从道理上讲是相同的。但在新生儿只不过是暂时现象，亦是正常的生理现象，是由于胎儿的子宫内膜及阴道黏膜在胎内因受母亲妊娠后期雌激素的刺激而增生，出生断脐以后，来自母亲的雌激素突然中断了，就可以引起子宫内膜和增生的阴道黏膜脱落，形成了类似成人的白带及月经。家长发现这种情况千万不要惊慌，不要误以为是出血，急于把刚生下来不几天的小孩抱去医院急诊，这样会增加感染的机会，更容易添病。假月经和白带不需要任何药物治疗，但是特别要注意外阴部的清洁，勤换尿布，一般经过几天就能很快自行消失。

2. 什么是新生儿溢奶

新生儿出世不久哭着张口要奶吃，但吃完奶后几分钟就有1～2口乳汁从口腔吐出或从口角反流出来，这在医学上叫“溢奶”，俗称“漾奶”，通常为生理现象而不是病态。

引起溢奶的原因与新生儿的消化道解剖生理特点有关。首先，新生儿胃容量小，出生后10余天才容纳50～100毫升奶，食管发育比较松弛，胃又呈水平位，胃和食管连接的贲门括约肌发育较差、较松弛，所以胃内容物和奶水或奶块易反流。但十二指肠和胃连接的幽门发育却比较好，极易痉挛，所以奶水不易进到十二指肠，表明胃的出口处紧而入口松，所以极易造成婴儿溢奶。其次，喂养不当、奶前哭闹、吸空奶瓶或喂奶时奶头内未充满奶汁，都可以造成大量吞气而引起奶后溢奶。另外，奶后让小儿立刻平卧或抱小孩来回摇晃，奶后洗澡或换尿布动作生硬，这些体位变动也容易造成溢奶，应尽量避免。

如果溢奶严重，就要区别是生理性溢奶还是病理性呕吐。出生后2～3周溢奶越来越严重，食后几十分钟即呕吐，就要想到幽门痉挛或先天性幽门狭窄。另外，发热吐泻时要考虑胃肠炎、脑膜炎，这些疾病可出现病理性呕吐。如呕吐频繁，有时呈喷射性，呕吐量多伴有奶块、绿色胆汁，如不及时治疗会影响新生儿身体健康，因此应该及时到医院诊治。

所以，喂奶时最好将婴儿抱起，使其躺在母亲怀里，母亲将食指和中指分开，轻轻压住乳房可以防止奶水流得太急，使用奶瓶时奶嘴孔不要太大以减少溢奶。另外，喂奶以后要将婴儿轻轻抱起，使其伏在母亲肩上，轻拍其背部让胃内气体排出，然后轻轻放下，置右侧卧位，头部稍抬高，这样也可以减少溢奶的发生。

溢奶属正常生理现象，随着新生儿的日益增长，溢奶逐渐好转，到了 3 个月时明显减轻，大约到出生后 6 个月时便自行消失，不必用止吐药治疗。

3. 宝宝囟门异常有哪些情况

(1)囟门鼓起：前囟门原本是平的，如果突然鼓起，尤其是在宝宝哭闹时，用手摸上去有紧绷绷的感觉，同时伴有发热、呕吐，甚至抽风，说明宝宝颅内压力升高。通常，颅内压力增高是由于颅内感染所引起，宝宝可能是患上了各种脑膜炎或脑炎等疾病。

如果宝宝的前囟门逐渐变得饱满，可能是颅内长了肿瘤，或是硬膜下有积液、蓄脓、积血等。

长时间服用大剂量的鱼肝油、维生素 A 或四环素，可使宝宝的前囟门饱满。

(2)囟门凹陷：最多见于宝宝的体内缺水，如腹泻后没有及时补充水分，前囟门由此凹陷下去。这种情况下，需要马上为宝宝补充液体。

为了降低颅内压，使用了大量的脱水剂，从而使前囟门因脱水而凹陷。应该及时给宝宝的身体补充水分，以防脱水过度造成体内代谢紊乱。

营养不良、消瘦的宝宝，他们的前囟门也经常表现出凹陷现象。

（3）囟门早闭：宝宝囟门早闭时，必须测量其头围大小。如果头围低于正常值，可能是脑发育不良。有些身体正常的宝宝，在5～6个月时前囟门也仅剩下指尖大小，似乎要关闭了，其实并未骨化，应请医生鉴别。

（4）囟门迟闭：囟门迟闭，主要是指宝宝已经过了18个月，但前囟门还未关闭，多见于佝偻病、呆小病。

囟门迟闭，有少数是脑积水或其他原因所致的颅内压增高所引起，应去医院做进一步检查。

（5）囟门过大：囟门过大，一般是指宝宝出生后不久，前囟门就达到4～5厘米。

囟门过大，首先的可能是宝宝存在着先天性脑积水，其次也可能是先天性佝偻病所致。

先天性脑积水的宝宝在出生时，经过产道时头颅受挤，因此在刚出生时囟门并不大，但在出生后，前囟门就会逐渐大了起来。

先天性佝偻病的宝宝出生后不但前囟门大，而且后囟门也大，正中的一条骨缝也较宽，将前后两个囟门连通。

（6）囟门过小：囟门过小，主要是指囟门仅手指尖大，这样的宝宝很可能存在着头小畸形。

囟门过小，也可能是颅骨早闭所造成，特别是矢状缝早闭，会使宝宝的头颅变长、变窄，形成舟状畸形的头颅，以及枕部凸出、前额宽，前囟小或摸不到等表现。

宝宝囟门过小时，要定期测量头围，即观察在满月前头围的增长速度，并与正常的宝宝做比较，观察是否有明显落后。

如果宝宝头围的发育尚且正常，并在随访后的3～4个月后还能继续保持，即使囟门偏小些，也不会影响大脑的发育。

4. 宝宝为什么粪便发绿

许多乳儿排出的粪便是绿色的，这种现象不是宝宝有病，而是正常的生理现象。

粪便的颜色与胆汁的化学反应有密切的关系。胆汁是由肝脏分泌的，肝细胞不断地分泌胆汁，胆汁汇入肝管，再经胆总管排入十二指肠。胆汁的颜色与其中所含的胆色素的种类和浓度有关，可由金黄色至深绿色不等。胆色素包括胆红素和胆绿素，它们之间可以相互转化。

小肠上部的胆汁含有胆红素和胆绿素，使粪便呈黄绿色。当粪便推送到结肠时，胆绿素经过还原作用，又转变为胆红素，这时粪便呈黄色。母乳喂养的婴儿粪便偏酸性，在肠道细菌作用下，部分胆红素转变为胆绿素，使排出的粪便呈浅绿色，这是正常现象；牛奶喂养的小儿粪便偏碱性，能使部分粪胆红素进一步转变为粪胆原，粪胆原是无色的，所以粪便呈浅黄色。

5. 新生儿能看见东西吗

许多父母认为新生儿是看不见东西的，这是不正确的。孩子出生的头几天虽然大部分时间是闭着眼睛，但并不代表他没有视力，只是新生儿的视力很差。刚出生的婴儿有光感，表现在强光刺激下出现的闭眼反应。对灯光的变化也有反应，亮光照到眼睛时会出现瞳孔变小，这也就是所谓的对光反应。

新生宝宝出生后通常会有一段安静觉醒的时间，这时宝宝很少活动，如果那时周围环境温暖，室内光线不太亮，他会慢慢睁开双眼，好奇地注视周围，注视父母的脸，专心地听他们说话，用他自己独特的方式和感觉开始与家人交流，几乎所有健康的新生儿出生后几分钟就开始有这种看的能力。

新生宝宝的视力特点

(1)他是一个远视眼：新生宝宝的出生使他从漆黑的世界来到明亮的世界，所以宝宝早期视焦距调节能力较差——他是个远视眼，对观察物的敏感性低于成年人，如果这时选用的观察刺激物太近、太远、太小、移动太快，均会使宝宝不能很好地捕捉到观察物。动力检影镜显示新生宝宝最优视焦距为 19 厘米。

这就是为什么人们会觉得新生宝宝不会看东西的原因了，因为大家不了解新生宝宝的视力特点，一味按照成年人看东西的样子和距离把物体放在宝宝眼前晃晃，宝宝没有反

应就误以为他看不见，其实新生宝宝看东西的最佳距离是20厘米，相当于妈妈喂奶时母亲脸和宝宝脸之间的距离，这种视觉状态一直要持续到生后出3～4个月时，宝宝才会有良好的视焦距调节能力。

(2)他只在安静觉醒时才看东西：新生宝宝看东西的能力与他当时所处的状态有关，他们只在安静觉醒状态时才有看东西的兴趣。然而，新生宝宝的这种安静觉醒状态时间又是很短暂的，仅占一天时间的1/10，所以你要捕捉到宝宝看东西的能力，除了要有足够的耐心外，还要学会敏锐地认识新生宝宝的觉醒状态，善于抓住时机。

这种状态一般在吃奶后1小时左右最容易获得，但不是刚吃完奶后哦，因为这时宝宝很困不易觉醒；也不是在喂奶前，这时的宝宝饿了没兴趣和你合作。室内光线不宜太亮，因强光会使宝宝睁不开眼，为了引出宝宝视觉表现，应将宝宝半卧位抱在你膝上，拿鲜明的物体引起他的注意或让他看你的脸，不久肯定会使你惊喜。

(3)他喜欢看人脸：新生宝宝一般喜欢看轮廓鲜明和色彩对比强烈的图形，还喜欢看人脸，当你和宝宝面对面互相对视时，你会发现这时的宝宝往往将眼睛睁得大大的，眼光明亮，而且常常会停住吮吸或运动，全神贯注地凝视你。这时如果你仍面对宝宝的脸，而将头向一侧慢慢移动，宝宝可能也会追随你向着水平或垂直方向慢慢移动眼和头。假如你戴着眼镜与宝宝说话，就更能吸引他，因为眼镜的折光，声音的刺激和嘴的活动更能刺激宝宝，增强他的感受，吸引宝

宝的注意力。

(4)他看后能记住物品:让人觉得有趣的是,新生宝宝除了能看东西外,还有看后记住物品的能力。在宝宝床头挂一个玩具,开始时宝宝会注意它,时间一长他就会不感兴趣了,关注的时间日渐缩短,当你换上一件新物品时,宝宝又会重新表现出兴趣去注视它,这说明宝宝对已看过的玩具具有早期记忆能力。

曾有一位患感冒的母亲为了保护宝宝,喂奶时特意戴上口罩,当她抱起出生后1周的宝宝时,就发现宝宝不断地看她的脸,然后吃奶少了、入睡也不容易,这是新生宝宝发现喂奶的妈妈和自己记忆中母亲的样子发生了改变而表现出不安和心神不定。

(5)他看后还能模仿:新生宝宝在视能力的基础上,有时还能引出模仿人表情的奇妙能力,如张嘴、吐舌头、噘嘴、打哈欠、惊奇和高兴等表情。

一个正常新生儿出生后就具有活跃的视、听能力,他既能看也能听,在觉醒状态时会饶有兴趣地看着周围,并由此认识和交往周围,所以良好的早期视觉刺激对促进宝宝大脑结构和功能的发育极为重要,因此训练宝宝视觉能力也是月子期妈妈的一项重要工作。妈妈可以做如下事情。

①在宝宝小床和卧室墙上挂上一些色彩鲜艳、能晃动的小玩具,如小旗帜、小气球等,品种多样,经常更换,以吸引宝宝看的兴趣。

②利用一些发声玩具或柔和音乐刺激宝宝看和听的能

力，寻找声源。

③在宝宝觉醒时注意与宝宝说说话，可以慢慢摆动你的头部，设法吸引宝宝的视线追随你移动。

④在宝宝的耳边（10 厘米左右）轻轻呼唤他，使他听到你的声音后转过头来看你，亲亲宝宝的小脸，让宝宝感受和分辨妈妈爸爸脸部表情及声音。

⑤充分利用喂奶和护理的机会随时随地与宝宝说话和眼与眼的对视，使宝宝既能看到你，又能听到你的声音，还有优美音乐相伴，使母子情绪愉快。

注意：新生宝宝很容易疲劳，所以每次训练时间不宜过长。另外，玩具的放置距离要适中，不宜过近也不能太远。

通过实践和摸索，年轻的爸爸妈妈一定会感觉到自己宝宝的神奇能力，抓住宝宝觉醒的时机，在与宝宝热切地相视中，交流感情，增进母子间真挚的爱。

6. 刚出生的婴儿能听见声音吗

孩子生下来就能听见声音。其实早已有人证明孩子处在胎儿期时就能听见声音了，胎教不正是基于这个能力吗？只是刚生下来的孩子还没有能力来告诉你他是否听到了声音。

那怎么知道孩子有了听觉？你可以在他的耳边摇几下摇铃，或拍几下手，孩子会通过他的各种动作来表示，告诉你他听到了声音。例如，他可以稍稍皱一下眉，也可以出现受惊吓的表情，或者出现呼吸节律的变化，呼吸增快或屏一下

气，也许还会突然哭起来，或者从哭声中突然停下等。这也是早期检查孩子听力的一种简单的方法。刚生下来的孩子对母亲的声音特别敏感，也特别喜欢听母亲的声音，哭闹时只要母亲轻轻地哄哄、抱抱就很快能使孩子安静下来，这归功于“胎教”了，因为胎儿在子宫内听惯了母亲的声音，熟悉了母亲的声音。

听觉能使孩子接收到外界不同的声音，使感官得到丰富的刺激，尤其是对语言的发育尤为重要。孩子从小就能得到适当的听觉训练是大有好处的。

7. 新生儿会做什么

新生儿生下来就有很好的视听觉、运动和模仿能力，如果给他一个温暖舒适的环境，他就会以独特的方式适应世界，体验人间的生活。他会带着好奇心，安静地注视着你，专心地听你说话。他的眼睛会睁得很大，也很机敏。他还特别喜欢看东西，如红色的球，有鲜明对比条纹的图片。新生儿还特别喜欢看人的脸，当人脸或红色的球移动时，他的目光会追随着移动。正常健康婴儿一生下来就有听觉，当你在他耳边轻轻地用柔和的声音呼唤时，他会转过脸来看你。

新生儿的运动能力也很强，如果你将新生儿扶着竖起来，使他的足底接触床面，有的新生儿会两腿交替迈步走路。当竖抱新生儿时悬垂的足背碰到桌子边缘，小儿会自动迈步踏到桌面上，很像上台阶的动作。当你把新生儿俯卧时，有些新生儿竟能稍微抬一下头或左右移动一些，以免堵住鼻孔。

新生儿除了听、看、运动方面的能力外，还有惊人的模仿大人面部表情的能力。当小儿处在安静觉醒状态时，距小儿20～25厘米，让他注视你的脸，然后你尽可能伸出你的舌头，20秒钟1次，重复几次后发现，小儿也在嘴内移动自己的舌头，过一会儿他也会将自己的舌头伸向嘴外。如果你对着他张嘴，重复几次后，他也学会张开他的小嘴。有人通过特殊成像技术发现：当妈妈和宝宝热情说话时，新生儿会随母亲说话声音有节奏的运动，开始头会转动，手上举，腿伸直，当你继续说话时，他会表演一些舞蹈样动作。新生儿的这些运动并不是毫无意义的，实际上这是他在能说话以前用躯体的活动来与成年人谈话交往，这种交往对小儿的心理和运动的发育很有好处。

8. 如何判断宝宝尿裤质量的优劣

免洗尿裤是用来吸收及包覆尿液的用品，并且使用者是婴儿，所以免洗尿裤最基本的要求就是安全、舒适和吸收力。可以用以下指标来判断。

(1)安全性：pH值中性，无毒，不含有害细菌，不含荧光剂。

(2)透气性：是否能有效地排除湿气，减少尿疹。

(3)吸尿性：整条尿裤能吸收多少尿量，是否超强吸收。

(4)吸收速度：是否能快速地吸收尿液，保持表面干爽。

(5)扩散性：是否能将尿液快速且均匀地扩散到整个尿裤，以发挥最大效益。

(6)表面干爽性:是否能表面干爽,降低返潮性。

(7)抗尿性:包覆材料及结合部位不因尿液浸湿而漏尿。

(8)抗拉性:在正常拉力下不应破损,断裂。

(9)舒适性:合身裁剪,贴身松紧带。

(10)其他功能:立体褶边,弹性腰围。

9. 如何选择新生婴儿用品

(1)要选择适宜的清洁用品。

①婴儿洗澡用的肥皂或沐浴精,每次用微量即可。

②用不刺激婴儿眼睛的沐浴精。刚出生的宝宝一定要选用不刺激眼睛的沐浴精来洗头。

③给新生儿换尿片、擦手时皆可使用湿纸巾。最初几周最好是使用棉花球蘸纯净水擦拭。

④消毒棉球用以清洁宝宝眼部,蘸酒精擦拭脐带脱落处,以及在宝宝出生后几周内或有尿布疹时,作为换尿片时的清洁品。

(2)婴儿用指甲剪、梳子及发刷等。

(3)婴儿油、凡士林、湿疹膏,这些并非必需品,应在儿科大夫指导下使用,如凡士林可在使用肛温计时做润滑之用等,但不能用来自行治疗尿布疹。

(4)在婴儿用品中,首先需要准备的当属尿布。现在的准妈妈比较倾向于使用市场上出售的一次性尿布。其实,传统的棉布做的尿布很好用,特别是新生儿排尿比较频繁,而吸水性好的尿布在这方面占有绝对优势,自己做的尿布不仅具备吸水性好的优点，而且柔软不易损伤婴儿娇嫩的皮肤。

(5)为婴儿准备被褥等物品也要适可而止，一般来说只要准备以下物品就可以了。

①3～6 条包巾。应依季节气候而定。

②3～4 条床单。用于铺小婴儿床、摇篮、婴儿车、躺椅等。

③2～6 件防水的垫子。用于保护婴儿床、摇篮、推车等。

④2 条可换洗的毯子或被子。放在婴儿床或摇篮中。夏季应使用质轻透气的；冬天则要使用比较厚重的。

⑤1～2 条毯子。可以放在推车或婴儿躺椅上。

(6)婴儿用奶瓶买 200 毫升的最实惠，此外还需购买消毒锅和小勺、小碗等。购买前可以参考以下建议：

①奶瓶。一般奶瓶有 3 种规格：120 毫升、200 毫升、240 毫升。最实惠的是 200 毫升，因为 200 毫升的奶瓶可以冲出 120 毫升奶瓶能够冲出的任何一种量，而 120 毫升的奶瓶使用时间太短。至于 240 毫升的奶瓶，用的时候不多。选购时，还是买玻璃奶瓶比较好，因为玻璃的容易清洗，消毒过程也比较安全(因为奶瓶等的消毒主要是开水煮)，可以基本忽略有毒物质。

②消毒锅。最好选择用蒸气的那种。这个虽然要多花点儿钱，但还是值得的，因为消毒太方便了。

③小勺、小碗。宝宝用的小勺、小碗尽早准备。宝宝刚出生的时候如果妈妈一时没有下奶，不要用奶瓶喂奶，而要用小勺喂。这种情况对于剖宫产出生的新生儿尤其常见。

附录　婴幼儿辅食制作方法

1. 适合4～6个月婴儿的辅食

☆ 米粉

原料：1匙米粉。

做法：米粉中加入3～4匙温开水，静置后，用筷子按顺时针方向搅动，调成糊状。

提示：米粉引起过敏的可能性小，易消化吸收，适合婴儿的咀嚼特点，而成为辅食添加的首选。

☆ 米汤

原料：大米200克。

做法：将锅内水煮沸后，放入淘洗干净的大米，煮沸后再用文火煮成烂粥，取上层米汤即可食用。

提示：米汤味香甜，含有丰富的蛋白质、脂肪、碳水化合物及钙、磷、铁、维生素C、B族维生素等。

☆ 鱼泥胡萝卜泥米粉

原料：河鱼（或海鱼）、胡萝卜、米粉各适量。

做法：选择河鱼或海鱼蒸熟，取肉，并小心将鱼刺全部除去，鱼肉压成泥状即可。将做好的少量鱼泥，连同胡萝卜泥一起拌在米粉里。

☆ 蛋黄泥

原料：鸡蛋1枚。

做法：将鸡蛋煮熟，用筛碗或勺子碾成泥状，加入适量开水或配方奶调匀即可。最初要从1/8个蛋黄开始，根据宝宝的接受程度逐步添加至1/4、1/3。

提示：补充宝宝逐渐缺失的铁，蛋黄中的铁含量高，同时维生素A、维生素D和维生素E于脂肪中溶解容易被机体吸收和利用。

☆ 土豆泥

原料：土豆1个。

做法：将土豆去皮并切成小块，蒸熟后用勺压烂成泥状，加少量开水调匀即可。

☆ 青菜泥

原料：青菜适量。

做法：将青菜叶洗净，入沸水内煮1～2分钟，取出菜叶用粉碎机粉碎，或在钢丝网上研磨，制成菜泥。

☆ 牛奶红薯泥

原料：红薯1块，奶粉1勺。

做法：将红薯（马铃薯）洗净去皮蒸熟，用筛碗或勺子碾成泥。

提示：奶粉冲调好后倒入红薯（或土豆）泥中，调匀即可。

☆ 鸡汤南瓜泥

原料：鸡胸肉1块，南瓜1小块。

做法：南瓜去皮，放锅内蒸熟，用勺子碾成泥状。将鸡胸肉放入淡盐水中浸泡半小时，然后将鸡胸肉剁成泥，放入另一个锅内，加入一大碗水煮。当鸡肉汤熬成一小碗的时候，用经消毒的纱布将鸡肉颗粒过滤掉，将鸡汤倒入南瓜泥中，再稍煮片刻即可。

提示：鸡肉富含蛋白质；南瓜富含钙、磷、铁、碳水化合物和多种维生素，其中胡萝卜素含量较丰富。

☆ 肉末茄泥

原料：圆茄子1/3个，精肉末1勺，蒜1/4瓣，食盐、香油、湿淀粉各少许。

做法：蒜剁碎，加入精肉末中用湿淀粉和食盐搅拌均匀，腌20分钟。圆茄子横切1/3，取带皮部分较多的那半，茄肉部分朝上放碗内，将腌好的精肉末置于茄肉上，上锅蒸至酥烂，取出，淋上香油拌匀即可。

☆ 青菜汁

原料：青菜适量。

做法：将洗净的完整的青菜叶先在水中浸泡20～30分

钟后取出切碎约一碗，加入沸水中煮沸1～2分钟。将锅离火，用汤匙挤压菜叶，使菜汁流入水中，倒出上部清液即为菜汁。

☆ **南瓜汁**

原料：南瓜100克。

做法：南瓜去皮，切成小丁蒸熟，然后将蒸熟的南瓜用勺压烂成泥状。在南瓜泥中加适量开水稀释调匀后，放在干净的细漏勺上过滤一下取汁食用。南瓜一定要蒸烂。亦可加入米粉中喂宝宝。

☆ **肉末粥**

原料：新鲜猪肉适量。

做法：将肉整块煮烂，取出剁烂成末。将适量肉末加入菜粥或烂面条中煮沸后食用。

☆ **香蕉粥**

原料：香蕉1小段，奶粉2勺。

做法：将香蕉剁成泥放入锅中，加清水煮，边煮边搅拌，成为香蕉粥。奶粉冲调好，待香蕉粥微凉后倒入搅拌匀。

提示：香蕉中含有丰富的钾和镁，维生素、糖类、蛋白质、矿物质的含量也很高，此粥不仅是很好的强身健脑食品，更是便秘宝宝的最佳食物。

☆ 牛奶蛋黄米汤粥

原料：米汤半小碗，奶粉2勺，鸡蛋黄1/3个。

做法：在煮大米粥时，将上面的米汤盛出半碗；鸡蛋煮熟，取蛋黄1/3个研成粉。将奶粉冲调好，放入蛋黄、米汤，调匀即可。

提示：富含蛋白质和钙质，蛋黄中还含有丰富的卵磷脂，对小儿生长和大脑发育有好处。

☆ 鲜玉米糊

原料：新鲜玉米1/2个。

做法：用刀将玉米粒削下来搅拌成浆，然后用纱布将玉米汁过滤出来，煮成黏稠状即可。

提示：玉米富含钙、镁、硒、维生素E、维生素A、卵磷脂和18种氨基酸等30多种营养活性物质，能提高人体免疫力，增强脑细胞活动，健康益智。

☆ 梨酱

原料：梨1个，冰糖适量。

做法：将梨去皮去核，切碎，与冰糖一起入锅煮，待梨酥烂以后，一边煮一边用勺子碾压成糊状即可。

提示：不仅补充维生素和矿物质，同时对咳嗽的宝宝有辅助治疗的作用。

☆ **鲜橙汁**

原料：橙子1个。

做法：将橙子横向一切为二，然后将剖面覆盖在玻璃挤橙器上旋转，使橙汁流入下面的缸内。喂食时，可以加一些温水，兑水的比例从2～1∶1，然后是原汁。

☆ **西瓜汁**

原料：西瓜瓤适量。

做法：将西瓜瓤放入碗中，用匙捣烂，再用消毒纱布过滤后取汁即成。

☆ **苹果胡萝卜汁**

原料：胡萝卜1个，苹果1/2个。

做法：将胡萝卜、苹果洗净后削皮，切成丁，放入锅内加适量清水煮，约10分钟可煮烂，再用清洁的纱布过滤取汁即可。

提示：胡萝卜中含丰富的β胡萝卜素，可促进上皮组织生长，增强视网膜的感光力，是婴儿必不可少的营养素。

☆ **胡萝卜山楂汁**

原料：新鲜山楂1～2颗，胡萝卜1/2根。

做法：山楂洗净，每颗切四瓣；胡萝卜洗净，切碎。将山楂、碎胡萝卜放入炖锅内，加水煮沸，再用小火煮15分钟后用纱布过滤取汁。

提示：山楂富含有机酸、果胶质、维生素及矿物质等，其中维生素C含量比苹果高10多倍。与胡萝卜搭配的山楂汁可健胃消食生津，增进宝宝食欲。

☆ 番茄苹果汁

原料：新鲜番茄1/2个，苹果1/2个。

做法：将番茄洗净，用沸水烫后剥皮，用榨汁机或消毒纱布把汁挤出。苹果削皮蒸熟或直接榨汁，取1～2汤匙兑入番茄汁中。

提示：新鲜番茄中富含维生素B_1、维生素B_2、烟酸。

☆ 白萝卜生梨汁

原料：小白萝卜1个，梨1/2个。

做法：白萝卜切成细丝，梨切成薄片。将白萝卜丝倒入锅内，加清水煮沸，用微火炖10分钟后，加入梨片再煮5分钟取汁即可食用。

提示：白萝卜富含维生素C、蛋白质、铁元素等营养成分，具有润肺止咳，帮助消化等保健作用。

2. 适合7～8个月婴儿的辅食

☆ 肝肉泥

原料：猪肝、猪瘦肉、姜汁、料酒各适量。

做法：将猪肝和猪瘦肉洗净，去筋，放在砧板上，用不锈钢汤匙按同一方向以均衡的力量刮，制成肝泥、肉泥。然后将肝泥和肉泥放入碗内，加入少许冷水及料酒、姜汁搅匀，上笼蒸熟即可食用。

提示：有利于改善贫血症状。

☆ 猪骨胡萝卜泥

原料：胡萝卜1小段，猪骨适量。

做法：猪骨洗净，与胡萝卜同煮，并滴入2滴醋。待汤汁浓厚胡萝卜酥烂时捞出猪骨和杂质，用勺子将胡萝卜碾碎即可。

提示：猪骨中的脂肪可促进胡萝卜素的吸收。

☆ 鸡汁土豆泥

原料：土鸡1只，土豆1/4个。

做法：将土鸡洗净、斩块，入沸水中焯一下后慢火熬汤，取部分汤汁冷冻；土豆洗净，去皮后上锅蒸熟，取出研成泥状。取鸡汤2勺稍煮，浇到土豆泥中即可。

☆ 鱼泥豆腐苋菜粥

原料：熟鱼肉、盒装嫩豆腐、嫩苋菜叶、米粥、高汤、植物油各适量。

做法：豆腐切细丁，苋菜嫩芽沸水烫后切细碎，熟鱼肉压碎成泥(不能有鱼刺)。将白粥中加入鱼肉泥、高汤(鱼汤)煮熟烂。再加入豆腐和苋菜，以及熬熟的植物油，煮烂后即可食用。

☆ 菠菜蛋黄粥

原料:鸡蛋黄1个,菠菜、软米饭、高汤、熬熟植物油各适量。

做法:将菠菜洗净,沸水烫后切成小段,放入锅中,加少量水熬煮成糊状备用。将蛋黄、软米饭及高汤(猪肉汤)放入锅内先煮烂成粥,再将菠菜糊、熬熟植物油加入蛋黄粥中即成。

☆ 胡萝卜泥青菜肉末菜粥

原料:胡萝卜、青菜、蒸熟肉末、大米厚粥、高汤、熬熟植物油各适量。

做法:将胡萝卜、青菜煮熟制作成泥。锅内放入肉末、厚粥、高汤(猪肉汤),再加入胡萝卜泥、青菜泥,小火炖沸后,加入熬熟的植物油和少量食盐煮沸即成。

☆ 虾仁豆腐豌豆泥粥

原料:熟虾仁、嫩豆腐、鲜豌豆、厚粥、高汤、熬熟植物油各适量。

做法:熟虾仁剁碎备用;嫩豆腐用清水清洗,剁碎;鲜豌豆加水煮熟,压成泥状备用。将厚粥、熟虾仁、嫩豆腐丁、鲜豌豆泥及高汤放入锅内,小火烧沸煮烂后,加入熬熟的植物油即成食用。

☆ **菠菜土豆肉末粥**

原料：菠菜、土豆、蒸熟肉末、高汤、熬熟植物油各适量。

做法：菠菜洗净，沸水烫过后剁碎；土豆蒸熟，压成泥备用。将厚粥、熟肉末、菠菜泥、土豆泥及高汤放入锅内，小火烧开煮烂后，加入熬熟的植物油即成食用。

☆ **鱼泥青菜番茄粥**

原料：熟鱼肉、青菜心、番茄、米粥、高汤、熬熟植物油各适量。

做法：河鱼蒸熟，鱼肉去刺，压成泥；青菜心洗净后在沸水中焯熟，用刀剁碎备用。番茄沸水烫后去皮去子，用刀剁碎；先将番茄加入高汤内煮烂熟，再加入米粥、鱼泥、菜心泥，用小火炖沸，加入熬熟的植物油即成。

☆ **番茄土豆鸡末粥**

原料：鸡胸脯肉末、番茄、土豆、软饭、高汤、植物油各适量。

做法：土豆洗净后入锅加水煮熟，去皮，切成小丁；番茄洗净后用沸水烫一下，切成小块。起油锅，将葱、姜片入油锅煎香后捞出，然后放入新鲜鸡胸脯肉末，煸熟后推向锅的一侧，然后在锅中放入番茄丁煸炒至熟，再把两者混合。将肉末番茄、土豆丁和软饭一起放入锅内，用文火煮5～10分钟，加少许酱油和食盐，待粥香外溢则成。

☆ 贝母粥

原料:川贝母、大米粥、冰糖各适量。

做法:贝母研成细末备用。将大米粥先用小火煮沸,加入贝母粉、冰糖,再用小火烧煮片刻即成。

提示:可润肺养胃,化痰止咳。

☆ 芝麻粥

原料:黑芝麻、大米、白糖各适量。

做法:黑芝麻炒熟后研碎。大米淘洗干净,用沸水浸泡1小时,再加入适量沸水煮至米酥汤稠,加入研碎的黑芝麻粉稍煮片刻,加入白糖。

提示:润肺补肾,利肠通便。

☆ 南瓜红薯玉米粥

原料:红薯丁、南瓜丁、玉米面、红糖各适量。

做法:将玉米面用冷水调匀,与红薯丁、南瓜丁一起倒入锅中煮烂即可,吃时根据口味加入红糖。

提示:润肺利尿,养胃去积。

☆ 虾仁菜汤面

原料:龙须面、熟虾仁、青菜心、高汤、熬熟植物油各适量。

做法:龙须面切成短小的段,放入沸水中煮软煮烂取出备用;熟虾仁剁碎;青菜心沸水烫后切碎备用。将碎面条、熟虾仁、菜心及高汤一起放入锅内,大火煮沸后小火再煮,待面条烂熟后加熬熟的植物油稍煮片刻即成。

☆ 冬瓜肉末面条

原料:冬瓜、熟肉末、面条、高汤、熬熟植物油各适量。

做法:冬瓜洗净,去皮,切小块,在沸水中煮熟;面条置于沸水中,煮至熟烂后取出,用勺搅成短面条。将熟肉末、冬瓜块及烂面条加入高汤大火煮沸,小火焖煮至面条烂熟即可。

☆ 番茄鸡蛋什锦面

原料:鸡蛋 1/2 个,儿童营养面条、番茄、黄花菜、花生油、葱丝、植物油各适量。

做法:将黄花菜用温水泡软,择洗干净,切寸段;番茄洗净,切块;鸡蛋打散。锅中淋油,稍热,放葱丝煸香,再依次放入黄花菜、番茄煸炒片刻,加入清水,水沸后放入面条,快熟时淋上鸡蛋液即可。

☆ 蒸南瓜(红薯)

原料:南瓜或红薯适量。

做法:将南瓜或红薯置于盘子内,上锅蒸熟即可。

提示:南瓜中的甘露醇有通便功效,所含果胶可减缓糖类的吸收。

☆ 五彩冬瓜盅

原料:冬瓜、火腿、干贝、鲜蘑菇、冬笋嫩尖、小葱、姜、鸡汤、鸡油各适量。

做法:将冬瓜切成1厘米见方的丁;干贝沸水泡软,切碎末;火腿片、冬笋、蘑菇、姜切碎末。把葱末以外的所有原料一起放入炖盅,入锅蒸至冬瓜酥烂,撒上葱末即可。

提示:冬瓜含钾和维生素C非常丰富,不含脂肪。适合比较肥胖的宝宝。

☆ 清蒸鳕鱼

原料:鳕鱼肉、葱、姜、酱油、料酒各适量

做法:将鳕鱼洗净放盘中。葱、姜切细丝,置鱼身上,淋上料酒、酱油,入锅蒸熟即可。

提示:有助于增强消化功能和免疫力。

☆ 双蛋黄豆腐

原料:鸡蛋、熟咸鸭蛋、内酯豆腐、葱丝、香油各适量。

做法:鸡蛋放入锅中,加水没过鸡蛋,上面覆上蒸架;豆腐放入盘中,划成薄片,码上葱丝,放蒸架上,水沸后5分钟关火。将鸡蛋黄取出,与咸鸭蛋蛋黄一小块一起研碎,撒在豆腐上,淋上香油。

提示:具有益气、补虚等功能。

☆ 蒸苹果

原料:苹果适量。

做法:将苹果洗净,带皮放碗内入锅蒸熟,待温凉食用。

提示:可生津、开胃,同时具有止泻功效,是腹泻宝宝的极佳美食。

☆ **肉糜蒸蛋**

原料:精肉末、鸡蛋、香油、酱油、食盐各适量。

做法:将精肉末中加入酱油腌一下。鸡蛋加食盐打散,加入肉糜继续打,慢火蒸 15 分钟,吃时淋上香油即可。

☆ **莲子百合银耳羹**

原料:莲子、新鲜百合、银耳、冰糖各适量。

做法:把前 3 味洗净,银耳掰碎,同入炖煲内慢炖 2 小时左右,至前 3 味酥烂放入冰糖即可。

提示:具有润燥清热作用,非常适合咳嗽的患儿。

☆ **松仁豆腐**

原料:豆腐、松子仁各适量。

做法:将豆腐划成片上锅蒸熟。松子仁洗净,用微波炉烤至变黄,用时拍碎,撒在豆腐上。

提示:富含蛋白质、碳水化合物和丰富的矿物质。

☆ **洋葱虾仁炒蛋**

原料:鸡蛋、洋葱、新鲜虾仁、橄榄油、番茄酱、原味沙拉各适量。

做法:洋葱切成碎末;虾仁拍碎,切细末。将鸡蛋打入碗中,加入洋葱末和虾仁末,打散。橄榄油置锅中稍热,倒入蛋液炒散,加入番茄酱和沙拉翻炒一下即可。

提示:含有丰富的蛋白质、钙、磷、铁和维生素 C,还含有

丰富的矿物质。

3. 适合 9～12 个月婴儿的辅食

☆ 小米山药粥

原料：鲜山药、小米、白糖各适量。

做法：将山药洗净、捣碎，与小米同煮为粥，然后加白糖，空腹食用。

提示：可治脾胃素虚，消化不良，粪便溏稀。

☆ 胡萝卜玉米渣粥

原料：玉米渣、胡萝卜各适量。

做法：先将玉米渣煮烂，后将胡萝卜切碎放入，煮熟，空腹食。

提示：消食化滞，健脾止痢。

☆ 八宝粥

原料：糯米、大枣、红豆、桂圆肉、莲子、花生、核桃、冰糖各适量。

做法：将前 7 种原料洗净后同入电饭煲内熬煮成粥，放入冰糖即可。

提示：全面补充营养素，强身健脑。

☆ 鱼肉松粥

原料：大米、鱼肉松、菠菜各适量。

做法:大米淘洗干净,温水浸泡1小时,连水放入锅内,旺火煮沸,改微火熬至黏稠。将菠菜洗净,用沸水烫一下,切成碎末,放入粥内,加入鱼肉松、食盐,调好口味,用微火熬几分钟即成。

提示:补充蛋白质和钙质。

☆ 红嘴绿鹦哥丝面

原料:番茄、菠菜、豆腐、排骨汤、细面条、葱各适量。

做法:将番茄用沸水烫一下,去掉皮,切成碎块。菠菜叶洗净,沸水捞一下去草酸、鞣酸,再切碎;豆腐切碎。锅中放入少许油,用切碎的葱花炝锅,倒入排骨汤烧沸,将番茄和菠菜叶倒入锅内略煮一会儿,再加入细面条,煮软即可出锅。

☆ 虾肉肝菜什锦软面条

原料:面条、熟鸡肝末、新鲜虾肉、菠菜末、鸡蛋、植物油、高汤各适量。

做法:将虾肉挤干水分后切碎,加少量蛋清、芡粉混合后备用;起油锅,加入葱和姜片煎香后捞出,放入虾肉煸炒至熟,放入沸水烫过的菠菜煸炒片刻;将煮熟的鸡肝用刀剁成碎末。将面条放入沸水锅内,面条软熟后捞入另一小锅内,加入高汤及虾肉、菠菜、鸡肝末后旺火煮沸,小火再炖片刻,把打好蛋液的1/4甩入鸡汤内,煮熟后加适量食盐即成。

☆ 番茄鸡蛋菜汤面

原料:煮烂切碎的细面条、切碎的洋葱头、去皮后切碎的

番茄、鸡蛋、小青菜心、高汤、植物油各适量。

做法：先将洋葱煸炒至香软，再加沸水烫过的青菜心煸炒片刻后，在锅内加入肉汤、面条、番茄碎块一起煮沸，用小火煨5～10分钟，至面香外溢。将鸡蛋打匀后倒在面条上，再烧至凝结成块后，加食盐，盛入碗内即成。

☆ 虾仁鸡蛋菠菜刀切面汤

原料：面粉、鸡蛋、鲜虾仁、菠菜、香油、高汤各适量。

做法：只取蛋清与面粉和成稍硬的面团，擀成条状后切成薄片；鲜虾仁切成小丁；菠菜洗净，用沸水烫熟，捞出后切末备用。将高汤放入锅内，放入虾仁丁，待汤烧开后下入刀切面煮熟烂，淋入鸡蛋黄，再加入菠菜末、香油后盛入小碗内即可。

提示：含丰富蛋白质、碳水化合物。

☆ 鸡肉白菜饺

原料：饺子皮、鸡肉、圆白菜、芹菜、鸡蛋液、高汤、香油各适量。

做法：将鸡肉末放入碗内，加入少许酱油拌匀；圆白菜和芹菜洗净，分别切成末；鸡蛋炒熟，并搅成细末。将所有原料拌匀成馅，包成饺子，并下锅煮熟。在锅内放入高汤，撒入芹菜末，稍煮片刻后，再放入煮熟的小饺子，加香油和酱油。

提示：富含营养。适合不喜欢吃米饭和粥的婴幼儿。

☆ **虾蓉小馄饨**

原料:大明虾、小馄饨皮、小葱、紫菜、食盐、香油各适量。

做法:取明虾仁用刀拍碎,拣出虾肠,剁碎,淋入香油,撒上食盐,搅成泥蓉。用筷子挑花生米大小的虾蓉包进馄饨皮中,入锅煮熟,撒上小葱末和紫菜。

☆ **清蒸鲜鱼**

原料:鲜鱼、大葱、姜、火腿、香菇、酱油、食盐、料酒、藕粉、葵花子油各适量。

做法:鲜鱼清洗干净,葱、姜、火腿、香菇切细丝。鱼背上剜斜刀,入沸水锅中烫一下,去腥,捞出后放盘中,将葱、姜、火腿、香菇丝塞入花刀内和鱼腹中,淋上酱油、料酒、食盐和葵花子油,上锅蒸熟即可。

提示:富含各种营养素和二十二碳六烯酸(DHA),促进幼儿大脑发育。

☆ **豆腐鲫鱼汤**

原料:豆腐、鲫鱼、火腿、葱、姜末、料酒、醋、食盐、食用油各适量。

做法:将鲫鱼洗净,鱼身抹少许食盐,可防止粘锅。锅中放入食用油烧至七成热,放入鱼稍煎一下,再放入各种调料,加清水煮沸后加入豆腐,再煮 10～15 分钟,待汤色乳白时,撒上葱末即可。

提示:蛋白质含量全面且优质,增强抵抗力。

☆ 香煎土豆片

原料：土豆、原味沙拉、植物油各适量。

做法：将土豆洗净，去皮，切成8毫米左右厚的片，入油锅煎至双面焦黄起泡，在一面涂上原味沙拉即可。

提示：提供均衡营养，并适合出牙宝宝磨牙。

☆ 蘑菇炖豆腐

原料：嫩豆腐、熟笋片、鲜蘑菇、大葱、蒜、姜、酱油、食盐、料酒、香油、鸡汤各适量。

做法：豆腐放入盘中，加入料酒，切成1.5厘米见方的小块，入锅蒸40分钟；鲜蘑菇入沸水锅煮1分钟，捞出，用清水漂凉，切成片；笋片切成小块；葱、姜、蒜切片。将豆腐、笋片、葱、姜、蒜片，加鸡汤倒入砂锅，中火烧沸后，用小火炖10分钟，放入蘑菇片，加酱油稍煮片刻，淋上香油即成。

提示：是小儿补钙的黄金搭档。

☆ 香菇豆腐炖泥鳅

原料：泥鳅、豆腐、香菇、葱白、生姜片、味精、植物油、食盐、白糖各适量。

做法：泥鳅在清水中养2天，滴植物油几滴，宰杀后洗净；香菇泡发，洗净，切块；豆腐切成大小适中的块，用沸水焯一下。油烧到四成热，下葱、姜，把泥鳅炒黄，加水、食盐、白糖、豆腐、香菇，旺火煮沸后，小火煮40分钟即可。

提示：补中益气。

☆ **苹果酪**

原料:苹果、甜奶酪、面粉、白糖、橄榄油各适量。

做法:苹果洗净、去皮,切 0.8 厘米厚的片,入淡盐水浸泡。面粉中加入甜奶酪和白糖,加水搅成稀糊状。起油锅,将苹果片裹上均匀的稀面糊,下锅煎黄,取出再入微波炉加热 2 分钟,使里面的苹果烂熟即可。

☆ **木瓜炖银耳**

原料:青木瓜、银耳、冰糖各适量。

做法:将木瓜洗净,去子置于碗内,放进摘碎的银耳,将冰糖撒在银耳上面,用大火蒸熟即可。

提示:有助于宝宝消化吸收。

☆ **牛奶西米露**

原料:牛奶、西米、香蕉各适量。

做法:西米用冷水浸泡 1 小时,香蕉打成泥。将西米连同浸泡水一起煮沸,至西米成透明状,加入牛奶和香蕉糊稍煮即可。

提示:营养素丰富。

☆ **三鲜蛋羹**

原料:鸡蛋、虾仁、蘑菇、猪瘦肉末、葱、蒜、食油、料酒、食盐、香油各适量。

做法:蘑菇洗净,切成丁;虾仁切丁;起油锅,加入葱、蒜

煸香，放入虾仁、蘑菇和肉末，加料酒、食盐，炒熟。鸡蛋打入碗中，加少许食盐和清水调匀，放入锅中蒸热，将炒好的虾仁、蘑菇和肉末倒入搅匀，再继续蒸5～8分钟即可。

提示：补充丰富的铁、钙和蛋白质。

☆ 马蹄狮子头

原料：荸荠、五花肉末、生姜、生粉、蛋清、酱油、食盐各适量。

做法：荸荠、生姜切末，与所有原料一起搅拌至黏稠，用手捏成大小适中的肉圆，上锅蒸熟即可。

☆ 茄汁虾仁

原料：虾仁、番茄酱、鸡蛋、熟青豆、植物油、水淀粉、食盐、白糖、黄酒各适量。

做法：虾仁放入碗内，加鸡蛋清、食盐、水淀粉均匀上浆。油温五六成时放入虾仁，滑散后捞出控油。原锅留余油，放番茄酱煸炒后，再将虾仁与青豆倒入锅中，加黄酒、白糖、食盐，再淋入水淀粉，翻炒几下，淋上香油即可。

提示：健脾开胃。

☆ 凉拌藕片

原料：藕、白糖、香醋各适量。

做法：藕切薄片，入沸水锅中焯熟，捞出拌上白糖，淋上香醋即可。

提示：解腻，开胃。非常适合长牙宝宝磨牙。

☆ 芝麻酱拌凉皮

原料：凉皮、芝麻酱、黄瓜、胡萝卜、芝麻酱、鸡汤、食盐、香油、香醋各适量。

做法：凉皮切成1厘米宽、3厘米左右长的段，入沸水烫一下，捞出晾凉；黄瓜和胡萝卜去皮，切细丝；芝麻酱加食盐，再慢慢加入鸡汤研开。将凉皮、黄瓜丝、胡萝卜丝倒入研好的芝麻酱中，淋上香油、香醋，拌匀即可。

提示：对小儿大脑发育很有益处。

☆ 香椿芽炒蛋

原料：香椿芽、鸡蛋、小葱、食盐、植物油各适量。

做法：将香椿芽入沸水中烫一下，切成碎末；小葱洗净，切碎。鸡蛋打散，放入香椿芽和香葱末，撒食盐，向一个方向打均匀，入热油锅中煎熟即可。

提示：香椿独特的挥发气味能使蛔虫不能附着在肠壁上而被排出体外。

☆ 奶油通心粉

原料：意大利通心粉、胡萝卜、去皮青豆仁、蘑菇、奶油、鸡蛋、牛奶、橄榄油各适量。

做法：通心粉放入沸水中煮熟；胡萝卜和蘑菇切成细丝。用橄榄油将半个鸡蛋炒散，将胡萝卜丝、蘑菇丝、青豆仁和奶油倒入锅中快炒，再倒入半碗鸡汤煮软，放入煮熟的通心粉、牛奶略煮一下即可。

4. 适合13～24个月幼儿的辅食

☆ 番茄牛肉

原料：番茄、牛肉、姜、葱各适量。

做法：将牛肉在淡盐水中浸泡半小时后切成1厘米见方的小块，放入电饭煲中加水炖30分钟；番茄切小块。锅内加少许油，油热后加葱、姜爆香，放进番茄翻炒一下，倒入牛肉和汤，放食盐再煮20分钟左右，至肉烂汤浓即可。

提示：补充蛋白质和维生素A。

☆ 香干肉丝

原料：软豆干、猪瘦肉、小葱、韭黄、姜丝、糖、鸡精、浓湿淀粉、稀薄湿淀粉各适量。

做法：猪瘦肉切成细丝，拌入少许糖和食盐，加入湿淀粉搅黏；豆干切成细丝，小葱、韭黄切寸段。起油锅，放入姜丝爆香，放入肉丝滑散，待变色后放入豆干、葱段和韭黄段，适量加食盐和鸡精炒熟，淋入稀薄的湿淀粉稍炒即可。

提示：补充蛋白质和钙质。

☆ 炒三丁

原料：鸡蛋、豆腐、黄瓜、淀粉、葱、姜各适量。

做法：鸡蛋黄放入碗内调匀，倒入抹油的盘内，上笼蒸熟，取出切成小丁。将豆腐、黄瓜切成丁。热锅入油，放入葱、姜爆香，再放入蛋黄丁、豆腐丁、黄瓜丁，加适量水及食盐，烧透入味，水淀粉勾芡即成。

提示：补充蛋白质，可以除热、解毒。治疗咽喉肿痛。

☆ **鹌鹑炖枸杞**

原料：鹌鹑、枸杞子各适量。

做法：将鹌鹑洗净，与枸杞子一同放入炖盅内，加少许食盐隔水蒸2小时即可。

提示：补脾益气，养血明目。

☆ **黄瓜蜜条**

原料：黄瓜、蜂蜜各适量。

做法：将黄瓜切成条状，放锅内煮沸后去掉汤汁，趁热加入蜂蜜，再次煮沸即可。

提示：黄瓜清热止渴，利水消肿，蜂蜜润燥解毒。

☆ **丝瓜木耳**

原料：丝瓜、木耳、蒜、水淀粉各适量。

做法：丝瓜刨皮，切片；木耳洗净，蒜切细末。油入锅烧热，投入丝瓜和木耳煸炒，将熟时放入蒜和食盐，淋入稀薄的水淀粉，翻炒片刻即可。

提示：清暑解毒，通便化痰。木耳是补血佳品。

☆ **香酥腰果**

原料：腰果。

做法：腰果洗净，置于微波炉中加热1.5分钟，晾凉即可食用。

提示：补充营养素和不饱和脂肪酸，健脑益智。

☆ 琥珀桃仁

原料：核桃仁、熟芝麻各适量，白糖半碗。

做法：油入锅烧热，倒入核桃仁，中火炒至白色的桃仁肉泛黄，捞出控油。去掉锅内的油，倒入2勺沸水，放入白糖，搅至溶化，倒入核桃仁不断翻炒至糖浆变成焦黄，全部裹在核桃上，再撒入芝麻，翻炒片刻即成。

提示：补充营养素和不饱和脂肪酸。

☆ 四色炒蛋

原料：鸡蛋、青椒、黑木耳、葱、姜、水淀粉各适量。

做法：将鸡蛋的蛋清和蛋黄分别打在两个碗内，并分别加入少许食盐搅打均匀；青椒和木耳分别切菱形块。油入锅烧热，分别煸炒蛋清和蛋黄，盛出。再起油锅，放入葱、姜爆香，投入青椒和黑木耳，炒到快熟时，加入少许食盐，再倒入炒好的蛋清和蛋黄，水淀粉勾芡即可。

提示：补充蛋白质和维生素等。

☆ 嫩菱炒鸡丁

原料：嫩菱角、鸡胸肉、鸡蛋、红椒、姜、葱、水淀粉、食盐各适量。

做法：鸡胸肉切成丁后加入食盐、鸡蛋清和水淀粉，抓匀待用；嫩菱角去壳后切成丁，入沸水锅中焯一下捞出；红椒切成丁。油锅稍热，入鸡胸肉滑散，加入葱、姜炒一下，再加入红椒煸炒片刻，后加入菱角翻炒，同时加入少许食盐、水淀粉勾芡，片刻即可。

提示：菱角有消暑解渴的功效。

☆ 清炒南瓜

原料：嫩南瓜、姜、蒜、食盐、植物油各适量。

做法：嫩南瓜切片或切丝，入姜爆油锅炒熟，加入蒜末、食盐翻炒片刻即可。

提示：降糖降脂，保护肝肾。补充多种营养素。

☆ 番茄炒蛋

原料：番茄、鸡蛋、葱、蒜、白糖、食盐各适量。

做法：番茄切块；鸡蛋打入碗里搅打均匀，油锅烧热后入鸡蛋炒散，盛出。起油锅，入番茄块翻炒，加入白糖稍焖一下，再加入食盐翻炒片刻，加入鸡蛋，撒上葱、蒜末，翻炒片刻即可。

提示：补充蛋白质和胡萝卜素等。

☆ 卤猪肝

原料：猪肝、葱段、姜片各适量，香料包（内有花椒、大茴香、丁香、小茴香、桂皮、陈皮、草果各适量）1个。

做法：将猪肝反复清洗后用淡盐水浸泡30分钟。清水烧沸，加入葱、姜，放入猪肝煮3分钟，撇去浮沫，加入其他调料，小火慢煮20分钟，食时切片即可。

提示:补铁补血,更补维生素A,预防夜盲症,还可预防软骨病。

☆ 青椒土豆丝

原料:土豆、青椒、食盐、植物油各适量。

做法:土豆刨丝后入淡盐水中浸泡,以防止变色,保持脆爽。油锅烧热,放入青椒丝煸炒片刻,倒入土豆丝炒熟,加食盐翻炒片刻即可。

☆ 红烧鲳鱼

原料:鲳鱼、葱、蒜、姜、料酒、酱油、白糖、植物油各适量。

做法:鲳鱼洗净,在鱼身两侧切斜刀,均匀地抹上少许食盐。起油锅,待油五成热时,放入鲳鱼煎炸,至两面呈金黄色时,放入葱、蒜、姜爆香,淋入料酒、酱油和白糖,稍煎片刻,倒入一大碗开水。用中火炖15分钟左右,至汤汁浓稠即可。

提示:鲳鱼味甘、性平,开胃健脾。对消化不良、小儿疳积、贫血有一定辅助疗效。

☆ 冬瓜荷叶汤

原料:冬瓜、嫩荷叶、食盐各适量。

做法:冬瓜洗净,连皮切块。荷叶剪碎,用水煮沸后去掉荷叶,加入冬瓜块和食盐继续煮熟即可。

提示:冬瓜消肿利尿,荷叶生津止渴,清热消暑。

☆ 苦瓜豆腐瘦肉汤

原料：苦瓜、豆腐、猪瘦肉各适量。

做法：将苦瓜洗净、切块；猪肉切片，用食盐、料酒拌匀稍腌。豆腐稍煎，加水煮沸，水沸后入苦瓜，稍煮片刻，入腌好的瘦肉片稍煮即成。

提示：清热解暑，对暑疖和痱子有辅助治疗作用。

☆ 丝瓜香菇汤

原料：丝瓜、香菇、葱、姜各适量。

做法：丝瓜洗净，刨皮，切片；香菇泡软，切丝；葱、姜切细末。油锅烧热后将香菇炒一下，加清水煮沸后，加入丝瓜和调料煮熟即可。

提示：丝瓜清热消暑，香菇解毒。

☆ 淮山鸭子汤

原料：山药、鸭子、姜、大葱、料酒各适量。

做法：鸭子切块，沸水烫一下，除去杂质；姜拍碎，葱切段。将鸭子放入砂锅，加适量清水与姜、葱、料酒一起大火煮沸，转小火慢炖一个半小时左右。山药切块，放入鸭汤内，再慢炖30分钟即可。

提示：与鸭肉共食可消除油腻，还可滋阴补肺。

☆ 水果沙拉

原料：苹果粒、梨粒、杧果粒、木瓜粒、猕猴桃粒、哈密瓜

粒、黑莓或桑葚、草莓、甜味沙拉、甜味奶酪各适量。

做法：所有原料一起入大碗中搅拌均匀即可。

☆ 什锦炒饭

原料：软米饭、鸡蛋、胡萝卜丁、青豆、熟火腿丁、虾仁丁、熟冬笋丁、湿淀粉、食盐、鸡精、植物油各适量。

做法：虾仁丁浇入湿淀粉，加少许食盐和蛋清，抓散上浆。油入锅烧热，鸡蛋打散，倒入锅中，快速用筷子滑散，倒入上好浆的虾仁，翻炒一下，再倒入什锦丁翻炒，断生后倒入米饭，撒上食盐和鸡精，翻炒均匀即可。

☆ 火腿麦糊烧

原料：面粉、鸡蛋、火腿丁、虾仁丁、洋葱丁、葱末、奶酪各适量。

做法：面粉和鸡蛋倒入大碗中，稍微放点食盐，一边加水一边搅拌均匀，加水量使面粉鸡蛋液呈浆液状，将各种配料丁倒入，搅拌均匀。煎锅内均匀地淋入少许油，舀入 1 大勺浆液，转动煎锅使浆液均匀铺满锅底，小火煎至上面变色变硬，翻面再煎，至两面焦黄，切成 2 厘米大小的菱形块即可食用。

提示：补充能量及多种营养素。

☆ 松仁玉米烙

原料：甜玉米、松子仁、炼乳、鸡蛋清、生粉各适量。

做法：将甜玉米粒入沸水锅中焯一下，捞出控水；玉米粒、炼乳、鸡蛋清、生粉混合搅匀；松子仁过油炸至微黄。不粘煎锅中涂一层油，均匀摊上玉米粒，撒上松子仁，煎至底面微黄即可。

☆ 什锦沙拉

原料：水煮鸡蛋、熟火腿丁、胡萝卜粒、甜豆、甜玉米粒、熟土豆粒、原味沙拉、橄榄油各适量。

做法：将鸡蛋切成1厘米见方的丁，与所有原料一起入大碗中搅拌均匀即可。

☆ 萝卜仔排煲

原料：仔排(小排骨)、黑木耳、白萝卜、黄酒、姜、蒜各适量。

做法：将仔排用食盐腌上1天，用时入沸水锅中煮沸，捞出去杂质。将水烧沸后，把仔排、水发洗净的黑木耳、切滚刀块的白萝卜一起放入锅里，再放黄酒、姜、蒜，大火煮沸，再小火慢慢地炖，直至肉香萝卜酥，加入少量鸡精即可。

提示：润肺补脑。